달콤한 나의 도시양봉

외롭고 바쁘고 고된 도시인,
벌과 눈 맞다

달콤한 나의
도시양봉

최우리 지음
어반비즈서울 감수

나무연필

따갑지만 달콤한 벌들과
두 해를 지내보았습니다

아침에 잠에서 깼는데 몸이 무거웠다. 왼쪽 다리가 오른쪽 다리의 두 배로 부었고, 피부는 열이 나 빨갛게 익어 있었다. 제대로 걸을 수 없을 만큼 아팠다.

다리를 이렇게 만든 건 벌의 침이었다. 전날 오전 양봉장에서 벌이 왼쪽 허벅지에 침을 박았다. 평소와 마찬가지로 따끔하길래 "아!" 외마디 비명을 내지르고 그냥 두었던 것이 잘못이었다. 마침 서울 시내에 대형 집회가 있어 참석했다가 그날 밤에야 집에 돌아와 허벅지에 박혀 있던 벌침을 뽑아냈는데, 그사이 독이 퍼진 모양이었다.

나는 자연을 떠올리면 인간의 나약함부터 생각난다. 사람의 체온을 넘는 뜨거운 여름, 고통이 먼저 느껴지는 강추위의 겨울, 인간이 이룩한 모든 것을 무너뜨리는 지진과 태풍의 힘이 점점 크게 느껴져서일까. '알몸으로 태어나서 옷 한 벌은 건졌잖소' 라는 유행가 가사에 위로받으면서도, 만약 자연이 다른 마음을 먹고 인간에게 벌을 내리려 한다면 겸손하게 하늘의 뜻을 따라야 한다고 생각한다. 왼쪽 다리가 코끼리 다리가 된 그날도 손톱만 한 벌의 공격도 견디지 못하는 인간이야말로 세상에서 가장 자기 완결성이 부족한 생명체라고 생각했다.

제주도에 남방큰돌고래 취재를 하러 갔던 날이었다. 운전을 못하기 때문에 제주도에 갈 때마다 거대한 자연을 조금도 극복하지 못하는 나와 마주한다. 그날도 버스는 내가 원하는 시간에 오지 않았고, 버스가 온다고 해도 목적지까지는 한참을 더 걸어야 했다. 대중교통이 핏줄처럼 연결된 도시를 떠나면 나는 마음대로 움직일 수조차 없다는 데 생각에 닿자 조금은 허무했다. 그때 내가 할 수 있는 건 현실을 받아들이는 것뿐이었다. 동시에 조금은 천천히, 자연의 시간이 흘러가는 속도대로 살 수 있는 삶을 상상했던 것 같다. 바쁜 일상 중에도 양봉을 계속했던 이유는 그런 갈망을 조금이나마 채울 수 있었기 때문이다.

이 책은 주말마다 서울에서 도시양봉을 하게 된 평범한 도시인의 이야기이다. 나 역시 여느 도시인처럼 다 지워버리고 싶을 만큼 힘든 하루도 있었고, 오래오래 기억하고 싶은 아름다운 하루를 보낼 때도 있었다. 기자 일은 외롭고 고되고 때로는 버겁지만 세상에서 벌어지는 수많은 일들을 자유롭게 관찰하고 말할 수 있어 좋은 직업이다. 그래도 이 일을 오래 하기 위해서는 나만의 치유 방법이 필요하다고 생각하고는 했다. 하루하루 그 날치 행복과 절망을 기사로 쓰면서 살던 어느 날 우연히 벌을 만났다.

나는 사회부 경찰 담당 기자로 서울 중부경찰서와 국가인권위원회 등을 취재하고 있었다. 어느 날 한 기업가가 정치권에 금품을 건넸다는 의혹을 받던 중 유서를 남기고 스스로 세상을 떠난 사건이 발생했다. 보통 큰 사건이 벌어지면 기자 여러 명이 투입된다. 우리 회사도 사회부 기자 대부분이 그 사건 취재 지시를 받았다. 모두가 작은 사실 한 조각이라도 찾으려고 24시간을 꼬박 그 기업 본사 건물 문 앞에서 뻗치고 있어야만 하는 비상 상황이었다.

나는 기자실에 남은 사람이었다. 현장에 나가 있는 기자들이 기사가 될 만한 사실을 언제 건져 올릴지 알 수 없기 때문에 일반 사건을 챙기고 신문 사회면을 채우는 기자가 필요했다. 기사만 된다면 무엇이든 써도 된다는 무언의 허락을 팀장에게 받은 상태였다. 덕분에 평소라면 팀장이 가차 없이 '킬'할(쓰지 못할) 르포 기사도 지면에 싣는 흔치 않은 기회를 잡을 수 있었다.

그날도 무슨 기사를 써야 광활한 지면을 채우나 고민하며 중부경찰서 기자실에 앉아 있었다. 여기저기 알아보다 경찰서에서 멀지 않은 서울시 남산별관 옥상에서 양봉 수업이 열린다는 걸 알게 됐다. 바로 취재 요청 메시지를 보냈다. 그때 강사가 '어반 비즈서울'Urban Bees Seoul이라는 도시양봉 단체의 박진 대표였다. 박 대표는 내 메시지를 읽고 답신을 보내왔다.

수업 당일 박진 대표와 양봉을 배우러 온 20여 명의 시민들을 만났다. 처음으로 우주복 같은 방충복을 입고 주방용 고무장갑보다 두툼한 장갑을 끼었다. 어색했지만 싫지 않았다. 호기심이 커졌고 새로운 경험을 할 수 있을 거란 기대가 컸다. 남산별관 옥상에 있는 벌통을 살펴보기 전까지는.

"웅웅웅웅."

처음 벌들이 내는 소리를 들었을 때의 긴장과 공포를 잊을 수가 없다. 벌들은 소리만 내지 않는다. 수만 번의 날갯짓으로 진동을 일으킨다. 그 움직임이 온몸을 감싸는 순간 몸에 닭살이 돋았다. 짐짓 안 무서운 척하며 취재를 마쳤지만 사실 그날은 벌통 근처에 다가가지도 못했다. 사진기자 뒤에 숨어 멀찍이서 벌통을 훔쳐보다 옥상에서 내려왔다.

다소 멍한 기분으로 남산공원을 내려오는데 이상하게 기분이 좋았다. 종이컵에 담긴 벌집꿀 맛 때문이었는지, 벌을 만난 그날의 날씨가 유독 좋아서였는지, 나는 이듬해 봄 박진 대표와 양봉을 배운 적 있는 나무연필 임윤희 대표의 소개로 도시양봉을 본격적으로 배우기 시작했다.

2016년은 그렇게 서울 은평공영차고지 인근 양봉장에서 20여명의 시민들과 양봉을 배우며 한 해를 보냈다. 그리고 다음 해에는 서울 동대문 이비스버젯앰배서더호텔 옥상에 설치해둔 벌통을 관리했다. 벌들은 내가 직접 조립한 나무 벌통 안에 그들만의 세계를 만들고 허물고를 반복했다.

양봉을 하면서 내가 한 일은 벌들이 잘 살 수 있도록 마음을 다한 것뿐이었다. 돌아보니 세상과 사람들과 주고받은 상처를 벌을 만나면서 많이 풀었다. 수줍어서, 미안해서, 불편해서 사람들에게 하지 못한 말들을 벌 앞에서는 많이도 했다. 허리를 굽혀 벌통 안을 살펴보고 쓸모없는 헛집을 제거해주고 병해충 방제를 해주면서 활시위처럼 팽팽하게 당겨지듯 조바심 나던 마음을 조금은 내려놓고 안정을 찾고는 했다. 그동안 벌과 나의 따갑고도 달콤한 추억이 차곡차곡 쌓였다. 이 책은 그때의 추억과 감정을 되살려 정리한 것이다.

양봉이라는 농사가 사계절을 따라 어떻게 진행되는지 순서대로 적었다. 양봉 방법을 소개하는 책은 이미 많고 나는 그만큼 양봉을 알지 못한다. 다만 양봉을 이루는 요소들을 하나씩 정리하고 양봉을 하면서 느끼는 즐거움과 보람을 공유하고 싶었다. 이 책을 다 읽은 뒤 벌이 우주에서 얼마나 귀한 존재인지 느낄 수 있다면 좋겠지만, 그렇지 않더라도 도시양봉이 환경과 밀접하게 연관되어 있다는 것을 알게 된다면 좋겠다.

이 책이 다루는 것은 양봉가와 벌과 꿀, 그리고 꽃에 대한 이야기이다. 양봉가는 꿀을 만드는 사람이 아니라 꿀을 모으는 사람이다. 꿀을 만드는 건 전적으로 벌의 몫이었다. 양봉가는 벌이 꿀을 만들고 육아를 하는 데 불편함이 없도록 살피는 역할을 하는 데 만족해야 한다. 침 있는 동물을 사랑하는 데 주저함이 없고 그런 동물을 배려하는 것을 즐기는 사람이라면 양봉가로서 이미 합격이다. 준비물을 잘 챙기고, 때맞춰 벌에게 필요한 것을 공급해야 하니 부지런한 사람이면 더욱 좋겠다. 꿀을 더 많이 얻기 위해 벌들을 유도하는 게 양봉이라지만, 꼭 꿀을 많이 모으지 않아도 벌이 좋아서 양봉을 하는 도시양봉가도 있다.

나는 양봉을 할수록 도대체 벌이 누구인지 궁금했다. 벌의 몸 구조부터 영혼까지 궁금했다. 동물이 본성 그대로 살 수 있도록 하는 것은 동물 복지의 가장 중요한 지점이니, 양봉가는 벌이 태어난 모습 그대로 살게 하도록 해야 한다고 생각했다. 그러려면 가장 기초가 되는 벌의 생태를 자세히 알아야 했다.

그래서 벌에 대한 생태학적 지식을 책에 담았다. 연구자와 양봉가 등이 쓴 책을 참조하여 벌 치는 데 필요한 지식을 정리했다. 그 책들이 없었다면 이 책도 쓰이지 못했을 것이다. 여왕벌, 수벌, 일벌이 각자의 역할을 충실히 하는 안정적인 벌통에서 일어나는 신비로운 일들은 벌의 생태를 모른다면 좀처럼 이해할 수 없었다. 나는 그때마다 벌 한 마리가 아닌 벌집 전체를 하나의 생명체로 생각해보며 재미를 느꼈다. 개미처럼 사회적 공동체를 이루어 생활하는 벌무리가 집단 이익을 위해 얼마나 현명하게 움직이는지를 알게 되면 벌에게 단박에 매료될 것이다.

벌에 더욱 관심을 기울이면서 벌이 처한 좋지 못한 환경도 알게 됐다. 지구에서 벌이 사라지는 날이 도래할 수 있다는 경고음이 들려온 지도 10여 년이 지났다. 이미 많은 과학자들은 벌의 수가 급감하는 현실을 우려하고 있고 벌이 사라지는 이유를 알아내기 위해 노력 중이다. 아직 분명한 이유를 밝혀내진 못했지만, 많은 과학자들이 화학약품의 무분별한 살포를 원인으로 꼽는다. 화학약품 사용이 벌의 면역 체계를 무너뜨린다는 것이다.

한낱 작은 벌 한 마리가 사라진다고 내 삶이 어떻게 달라지겠느냐고 생각한다면 오산이다. 벌이 사라지면 열매를 맺지 못하는 식물이 많아지고, 그럴 경우 농산물 공급에 차질을 빚게 돼 식량 전쟁이 벌어질 수도 있다. 집약적으로 농사를 짓는 농가에서는 이미 자연 상태에서 벌이 부족하다는 판단을 하고 양봉장에서 벌을 꾸어와 수정을 하고 있다. 벌이 얼마나 귀한 존재인지 깨닫는다면 벌의 안녕을 바라는 마음이 자연스럽게 자랄 것이다.

나는 양봉을 한 뒤 주변 어디에 꽃이 피었는지를 살피는 습관이 생겼다. 꽃과 벌이 서로에게 의지하며 지내온 세월을 생각할 때 꽃만큼 벌을 잘 아는 친구가 없지 않을까. 꽃은 인간이 모르는 벌의 내밀한 모습을 아는 것 같다. 주변에 꽃이 피어 있는 걸 볼 때면 어디선가 벌들이 이 꽃을 찾아 날아올 거란 생각에 안심했다. 나의 양봉장 주변에 어떤 꽃이 피는지, 그 꽃에서 어떤 꿀을 모을 수 있는지 상상하는 것만으로도 일상의 시름을 잠시나마 잊을 수 있었다.

언제까지 양봉을 할 수 있을지 자신 있게 말할 순 없다. 도시인의 삶은 언제나 그렇듯 치열하고 바쁘다. 마음의 여유가 없는 날에는 다 그만두고 양봉을 포함해 내가 좋아하는 일만 하면서 천천히 살 수 없을까 생각은 해보지만 내려놓을 자신이 없다. 이렇게 우유부단하고 욕심 많은 도시인이어서 벌들이 그렇게 좋았던 걸지도 모르겠다. 벌통 안을 몰래 훔쳐보면서 흘린 땀을 식혀주던 시원한 바람, 벌들이 열심히 만든 진하고 맛있는 꿀이 그리워 나는 또다시 장비를 들고 양봉장에 갈 생각이다.

차례

1부

벌과 함께 한
나의 사계절

봄

벌을 치기 시작했습니다

벌은 곤충이니까 몸이 머리, 가슴, 배로 구분돼 있다는 것은 알고 있었다. 침이 있어 조심해야 한다는 것도 알고 있었다. 벌이 꿀을 만든다는 사실도 당연히 알고 있었다. 다만 벌통 안에서 어떤 과정을 거쳐야 꿀이 되는지 알지 못했고 알려고도 한 적이 없었다. 술 마신 다음 날 꿀물을 먹을 때조차 단 한 번도 벌을 떠올린 적이 없었다.

양봉을 시작하겠다고 다짐하기 전에는 벌을 생각하면 이런 장면이 떠올랐다. 벌 한 마리가 국도를 따라 핀 코스모스 위를 맴돌고 있다. 벌이 사뿐히 꽃잎 사이에 내려앉아 수술 위를 부지런히 돌아다닌다. 앙증맞은 몸짓을 보느라 나는 길가에 세워둔 차에 타는 걸 잊어버린 채 가만히 서 있다. 높고 파란 가을 하늘과 하늘거리던 분홍 코스모스, 그리고 한가롭고 평화로워 보이던 벌의 비행과 착륙. 매우 서정적인 장면이 벌에 대한 나의 기억이었다. 그만큼 벌에 대해 아는 건 없었다는 뜻이기도 했다.

벌을 유심히 본 적이 별로 없다는 사실은 뒤늦게 깨달았다. 벌을 보려면 꽃부터 봐야 한다. 물론 서울에서도 꽃을 보기란 어렵지 않았다. 개나리와 진달래, 벚꽃 등이 봄소식을 전해오면 자연의 선물을 받은 듯 도시 곳곳에서 꽃밭이 펼쳐진다. 가끔 벚꽃 향기에 이끌려 꽃잎 안을 들여다보면 벌이 나보다 먼저 꽃을 찾아와 있었다.

그러나 내가 바빠서인지, 꽃들이 매정해서인지 봄의 꽃은 찰나의 아름다움만 남긴 채 우리 곁을 금세 떠났다. 더욱이 그 짧은 시간마저 잘 누리지 못하는 사람들이 많은데, 나 역시 그러했다.

꽃을 볼 여유가 없었던 것 같다. 대학 시절에는 꼭 시험 기간이 벚꽃 필 때와 겹쳤고, 졸업하고 나서는 사람이 붐비는 데 꽃구경을 가고 싶지 않았다. 밤늦은 퇴근길 아파트 단지에서 겨우 건진 벚꽃 사진 한 장에 미소 짓는 게 최고의 꽃구경이었다. 솔직히 양봉을 하기 전까지 나는 도시의 꽃이라면 시청이나 구청에서 조경용으로 심은 색색깔의 팬지를 먼저 떠올렸다. 팬지가 벌이 잘 찾지 않는 꽃이란 사실은 뒤늦게 알았다.

그때의 나는 양봉가로서는 부적합한 사람이었다. 계절은 달려가는데 날씨를 즐길 여유가 없는 도시인이 또 다른 생명을 친구로 맞는 것은 불가능한 일이었다. 아침에 일어나 뉴스를 검색하고, 그날 쓸 기사를 보고하고, 취재하고 인터뷰하고 기사 쓰고 기사가 잘 편집됐는지 확인하고 퇴근할 뿐이었다. '아직 화요일밖에 안 됐다니' '내일이면 주말이다'라며 한 주를 버텼다.

그럼에도 양봉을 해보겠느냐는 제안을 받았을 때 고민 없이 그러겠다고 답할 수 있었던 건 호기심 때문이었다. 밀랍과 꿀을 만들어 인간에게 빛과 달콤함을 선물하는 벌이라는 동물이 매력적으로 느껴졌다. 또한 꿀을 만드는 양봉이라는 과정에 참여해 '물리적으로' 무언가를 생산하고 싶었다.

봄이 시작되는 3월 마지막 주에 처음 양봉장에 갔다. 초봄에는 자고 일어나면 아침 공기가 달라져 있다. 아침에 집을 나설 때마다 어느 날은 살포시, 어느 날은 성큼 봄이 다가오는 걸 몸이 먼저 느꼈다. 새해 첫날과 설날은 한참 지났는데 이제야 진짜 새로운 한 해가 시작되는 듯 설렜다. 봄을 맞이한 아침에는 나 역시 달뜬 초등학생처럼 에너지가 넘쳤다.

양봉에 끌렸던 이유는 날씨와도 관련이 있다. 나에게는 각 계절마다 가장 좋아하는 시간이 있다. 그 계절을 가장 잘 표현하는 순간인데, 그것은 봄의 아침, 여름의 밤, 가을의 낮, 겨울의 새벽이다. 봄의 아침을 사랑한다면 양봉에 적합한 사람이라는 것을 벌을 치면서 깨달았다. 바로 그 아침에 벌들은 기지개를 켜고 한 해의 처음을 시작하기 때문이다.

농사를 지을 때 날씨는 가장 소중한 친구였다. 눈에 보이지 않는 자연의 시곗바늘을 읽지 못하면 모든 농사는 불가능하다. 양봉도 마찬가지다. 당연히 벌이 깨어나고 잠드는 시간, 움직이고 움츠리는 계절을 잘 알아야 벌을 더 잘 치고 꿀도 더 잘 모을 수 있다. 꽃의 개화 시기에 맞춰 벌통을 관리를 해야 하는 양봉가들은 오늘의 날씨만이 아니라 이번 주, 이달의 날씨까지 관심 있게 지켜본다.

날씨 변화에 민감한 나는 농사일이 잘 맞는 편이었다. 아이가 있는 집에서 정기적으로 예방주사를 맞히고 학교 행사를 챙기듯, 양봉가들도 이 날씨가 흘러가버리기 전에 꼭 해야 할 일이 있고 미리 준비할 일이 있었다.

모든 농부는 봄이 되면 생활이 달라져야 한다. 물론 지난해 찬바람이 불기 시작한 늦가을부터 4~5개월 동안 이어지던 겨울잠에서 깨어나는 일은 쉽지 않다. 하지만 매일 아침마다 해 뜨는 시각이 빨라지고, 언 땅을 뚫고 움트는 흙 속 작은 생명들이 자라는 게 느껴지는데 가만히 누워만 있을 수는 없었다. 나는 우주와 자연의 시간 변화를 예민하게 느끼는 사람으로 다시 태어났다.

❶ 양봉을 위한 준비물

"양봉을 할 때 반드시 필요한 6가지는 무엇일까요?"

양봉을 배우기로 한 뒤 은평 양봉장에서의 두 번째 수업 시간에 동료 도시양봉가들과 손가락을 꼽으며 이 문제를 풀었다. 정답은 벌, 벌통, 훈연기, 내부 검사용 칼, 솔, 방충복이었다.

물론 이게 전부는 아니었다. 한 해 두 해 양봉을 하다 보니 빈 벌집틀(소비), 화분떡, 벌통 내·외부 덮개 등 계절별로 필요한 양봉 도구가 꽤 많다는 것을 알게 됐다. 그러나 나머지는 계절의 변화에 따라 천천히 준비해도 된다. 양봉을 하려면 일단 이 6가지가 기본적으로 필요했다.

가장 신경 써야 할 것은 당연히 벌이었다. 벌 한 마리가 아니라 무리를 이룬 벌들이 필요하다. 벌통 하나에는 보통 1~2만 마리의 벌들이 들어 있다.

"벌무리는 하나의 생물, 척추동물과 같다."

위르겐 타우츠의 책 『경이로운 꿀벌의 세계』에서 요하네스 메링이라는 양봉가는 이렇게 말한다. 벌 한 마리마다 각기 다른 생명인데 벌무리가 하나의 생물이라고? 무슨 말인지는 양봉을 하면서 자연스레 알게 됐다. 벌은 한 마리일 때보다 무리를 이룰 때 신비로운 일을 많이 해냈다. 벌통 전체를 하나의 생명체로 보면 이해하기가 쉬웠다.

벌통 안에는 여왕벌과 수벌, 일벌이 산다. 이들은 각자의 역할이 달랐다. 로열젤리를 먹고 자라는 여왕벌은 혼인비행을 한 뒤 셀 수 없이 많은 수의 알을 낳는다. 보통 하루에 수천 개를 낳는다. 수벌은 여왕벌과 교미해 새로운 벌이 태어나도록 한다. 교미기에는 끊임없이 벌집을 떠나 날아다니는데, 짝짓기 뒤에는 아쉽게도 저세상으로 직행한다. 일벌은 자신과 같은 운명이 될 수만 마리 일벌 동생들의 탄생을 도우면서 그들을 기르고, 꿀을 저장하고, 외부 천적에 맞서 벌통을 지키는 등 벌통 안에서 일어나는 대부분의 일을 한다.

나는 여왕벌과 수벌을 한 생명체의 암수 생식기관으로 보고, 무리의 생명을 유지하도록 열심히 일하는 일벌 전체를 몸통이라고 생각했다. 실제로 벌은 벌무리 단위로 벌통 안 온도와 산소량, 수분량 등을 조절하고 환경을 감지하며 앞으로 어떤 행동을 할지 결정한다. 벌의 생태에 대한 이야기는 뒤에 자세히 하겠다.

벌을 마련했다면 벌통이 필요하다. 양봉장을 생각하면 많이들 네모난 상자 모양의 벌통이 놓여 있는 모습이 떠오를 것이다. 바로 그 벌통이 '랭스트로스langstroth 벌통'이다. 개발자인 미국 양봉가 로렌조 랭스트로스Lorenzo Langstroth의 이름을 따랐다. 관리하기가 편해 상업용 벌통으로 쓰인다. 크기가 일정해서 층층이 쌓아올릴 수 있으니 꿀을 많이 모을 수 있는 장점이 있지만, 벌무리의 세력이 너무 커지면 일부 세력이 벌통을 버리고 떠나기 쉽다는 단점이 있다.

위의 것은 네모 반듯한 모양으로 층층이 쌓을 수 있는 랭스트로스 벌통,
아래 것은 벌이 자유롭게 집을 만들고 내부를 쉽게 들여다볼 수 있는 톱바 벌통이다.

외국에 나갔을 때 내부를 잘 들여다볼 수 있는 벌통을 보기도 했다. 이런 벌통은 '톱바top bar 벌통'이라고 한다. 벌이 빈 공간에 자유롭게 집을 만드는 야생 방식 그대로의 벌통이다. 값이 비싸고, 벌들이 이곳저곳에 벌방을 만들 수 있기 때문에 효율적으로 꿀을 수확하는 데는 불리하다. 하지만 벌통 자체가 예쁘고 벌통 안이 잘 보이기 때문에 교육용이나 전시용으로 좋다.

훈연기는 벌통 안을 검사할 때 요긴하게 썼다. 벌통 안을 검사하는 것을 양봉 용어로는 '내검'內檢이라고 하는데, 내검의 시작은 훈연기와 함께한다. 사람이 벌통을 열었을 때 벌이 크게 동요하지 않고 조용히 있어준다면 고맙겠지만 그럴 리가 없다. 벌통 밖으로 무섭게 날아오르는 벌들이 눈앞을 가리고 소리와 진동으로 공격해들 것이다. 그때 필요한 게 훈연기이다.

훈연기는 안에 쑥이나 왕겨, 때로는 신문지를 넣은 뒤 불을 피워 사용한다. 연기를 몇 번 퐁퐁 내뿜으면 벌은 연기를 싫어하기 때문에 알아서 벌통 안으로 숨어든다. 다만 너무 자주 쓰면 벌이 열받을 수 있으니 적당히 사용해야 한다. 담배를 매우 많이 피운다면 벌에게 쏘일 걱정을 덜 해도 될 것이다.

금속 재질의 내검 칼은 양봉가의 무기이다. 벌통 안에는 벌들이 집을 짓고 알을 낳으며 꿀을 채울 수 있도록 소비巢脾라는 틀을 넣어둔다. 이때 벌은 소비와 벌통, 소비와 소비 사이를 노란 프로폴리스로 막아 불순물이 들어오는 것을 막는데, 이 프로폴리스는 접착력이 매우 좋다. 소비를 손으로 떼어냈다가는 벌통이 흔들리고 화가 난 벌들의 무서운 공격이 시작될지 모른다. 소비를 한 장씩 떼어낼 때 내검 칼이 꼭 필요하다.

벌이 빈 공간을 채우려는 습성 때문에 만든, 필요 없는 헛집을 제거할 때도 내검 칼을 썼다. 벌은 배 아래에서 나오는 밀랍으로 육각형 모양의 집을 짓는다. 그런데 벌에게는 빈 공간이 있으면 무조건 집을 지으려는 습성이 있다. 그래서 소비 밖 빈 공간에도 집을 짓는 경우가 종종 있다. 야생에서는 이를 내버려 둬도 상관없지만, 양봉을 할 때는 벌통을 깨끗이 관리하려면 이런 헛집을 없애는 게 좋다.

또한 수벌 애벌레방에는 벌에 기생하는 진드기가 생기기 쉬워서 관리가 필요한데, 이를 적절히 없애는 데도 날카로운 칼이 필요하다. 벌통에서는 새로운 여왕벌이 태어나기도 하는데, 이 여왕벌이 자라는 집인 왕대王臺를 제거할 때도 내검 칼이 쓰인다. 이처럼 양봉가는 내검 칼을 휘두르면서 벌통 안 질서를 잡는다.

솔은 내검을 하면서 벌통에서 소비를 꺼내 들어 올렸을 때 소비에 너무 많이 붙어 있는 벌들을 날려 보내거나 벌통 안을 청소하는 데 사용했다. 벌은 죽은 애벌레나 죽은 벌을 스스로 치울 만큼 성격이 깔끔하다. 하지만 벌이 직접 관리할 수 없는 것들은 사람이 보조해줘야 한다.

방충복이 없었다면 나는 절대 양봉을 시작할 수 없었을 것이다. 수십 년간 벌을 쳐온 양봉가 선배들은 아무런 장비 없이 벌통을 살폈다. 나도 그럴 수 있을까? 수년 후 충분히 벌과 더 친

양봉에 필요한 도구들. 왼쪽부터 방충복과 장갑, 내검 칼, 솔, 훈연기.
도시양봉이 활발한 나라에서는 다양한 디자인의 초보자용 양봉 키트를 판매한다.

해진다고 해도 나는 방충복을 벗는 상상을 할 수가 없다. 양봉
을 오래 할수록 벌을 자극하지 않고 내검하는 방법을 알게 되
고, 또 그만큼 많이 벌에 쏘였기 때문에 단련이 될 수는 있다.
하지만 내가 익숙해졌다고 해서 벌이 나를 쏘지 않는 것은 아니
다. 벌과 나를 위해서 언제나 조심하는 것이 좋다.

　나는 방충복 상하의를 모두 입고 장갑까지 끼고 양봉장에 들
어섰다. 전신 우주복을 입은 것 같지만 그만큼 안전했다. 해외
직구로 구입할 수 있는 양봉 전용 방충복도 있지만 비쌌다. 나
는 벌초할 때 입는 일반 방충복을 입었는데, 사실 방충복보다
중요한 건 벌을 다루는 기술이었다.

도시양봉이 쉽지 않은 이유 중 하나는 마땅한 장소를 구하기가 어렵기 때문이다. 벌이 오래오래 행복하게 살기 위해서는 어디에 사느냐가 중요하다. 사람이 물과 곡식을 구하기 쉬운 강을 낀 평지에 터를 잡기 시작했듯이 벌에게도 살기 좋은 집터가 있다. 어반비즈서울을 통해 양봉을 한 나의 경우 양봉장을 따로 구하지 않았지만, 개인적으로 양봉을 시작한다면 어떤 조건을 갖춘 곳에서 양봉을 하는 것이 좋은지 알아둬야 한다.

일단 주변에 벌의 먹이인 꽃꿀을 딸 수 있는 꽃이 피는지 확인해보아야 한다. 벌은 반경 2km 안에 핀 꽃에서 꽃꿀을 딴다. 이 꽃꿀이 벌의 먹이가 되고 우리가 먹을 꿀의 색과 맛, 향을 결정한다. 나의 벌이 어디로 가서 어떤 꽃에서 꿀을 따올지, 즉 벌통 주변에 어떤 꽃이 피는지 알아두면 매우 좋다. 벌의 이동 경로를 일일이 확인해보기는 어렵겠지만, 근방에 산이 있다면 아마 그곳으로 가지 않을까 추측해볼 수 있을 것이다.

꽃이 주변에 있는지를 확인했다면, 그다음에는 물이 잘 빠지는 건조한 땅을 찾아야 한다. 춥고 습도가 높으면 벌은 공격적이 되고 전염병에 취약해진다. 강한 바람을 바로 맞는 곳도 피해야 한다. 바람이 걱정된다면 바람막이를 따로 설치해준다. 언덕이나 저지대, 움푹 팬 곳보다는 평평한 바닥이 좋다. 흙바닥인데 주변에 잡초가 무성하다면 잡초는 뽑아낸다. 그래야 개미나 쥐,

거미 등의 동물이 벌통에 침입하지 않는다. 주택이나 건물 옥상에 벌통을 둔다면, 주변 건물이나 가로등의 불빛이 벌통으로 직접 향하지 않으면서 고압전선이 지나가지 않는 곳을 찾는다.

벌통 옆에 벌이 마실 물을 두는 것도 잊어선 안 된다. 벌이 물도 마시느냐는 질문을 하는 사람들이 종종 있었다. 벌도 생명이니 당연히 물을 마신다. 벌은 적절한 농도의 꿀을 애벌레에게 먹이기 위해 꿀에 물을 타기도 하는 똑똑한 곤충이다. 그래서 벌이 오염된 물을 먹지 않도록 벌통 주변에 살충제나 화학물질을 사용하는 곳이 없는지 알아봐야 한다. 저수지나 호수, 강이 가까울 경우에는 집으로 돌아오던 벌이나 혼인비행을 하러 떠났던 여왕벌이 추락해 물에 빠져 죽는 경우도 있다고 한다.

여기까지는 양봉하기 좋은 환경의 일반적인 조건이다. 그런데 도시에서 양봉을 하려면 가장 중요한 조건이 따로 있다. 바로 이웃에게 피해를 주지 않는 것이다.

여왕벌은 자기 벌무리의 세력이 커지면 일부 벌무리를 이끌고 벌집을 떠난다. 모두가 함께 살기에는 비좁기 때문에 새로운 여왕벌에게 벌통을 넘겨준 뒤 새집을 찾아가는 것이다. 이를 양봉 용어로는 '분봉'分蜂이라고 하는데, 이때는 한꺼번에 벌무리가 움직이다 보니 벌의 생태를 모르는 이들에게 위협적으로 느껴질 것이다. 이런 일을 방지하려면 양봉가는 분봉이 되지 않도록 각별히 유의해야 한다.

사실 이웃이 벌에 쏘였을 때 그 벌이 산에서 왔는지 양봉가의 벌통에서 왔는지는 누구도 알 수 없다. 하지만 벌 때문에 이웃과 사이가 나빠지지 않으려면 양봉가 스스로 조심해야 한다. 분봉이 일어나기 쉬운 여름철이나 말벌이 등장하는 초가을이면 벌과 관련해 이웃끼리 마음 상하고 법적 분쟁까지 발생했다는 기사가 꼭 나온다. 아직 한국에서는 도시양봉이 초기 단계이지만 확산에 대비해 서둘러 제도를 마련해야 할 것이다.

한국에는 축산법, 동물위생법 등 양봉과 관련한 법률은 제정되어 있지만, 도시양봉과 관련한 법률은 없고 지자체의 조례도 없다. 서울시를 취재할 때 도시농업 담당 공무원에게 도시양봉을 위한 규정이 왜 없는지 질문한 적이 있다. 도시화율이 워낙 높은 데다 녹지가 부족한 서울에서는 도시양봉뿐 아니라 도시농업마저 대중화되지 않았는데 조례가 생기기에는 너무 이르지 않겠느냐는 대답만 돌아왔다. 도시에서 양봉을 할 수 있다는 법도, 하면 안 된다는 법도 없다는 뜻이다.

미국 뉴욕에서는 2010년 도시양봉의 필요성에 대한 공감대가 형성되고 관련 규정이 마련되었다. 도시양봉이 환경을 지키면서 꿀을 생산하는 새로운 활동으로 인식되면서 도시양봉가도 늘어났다. 버락 오바마가 대통령으로 재직하던 시절, 미셸 오바마가 백악관에서 양봉을 했던 사실도 널리 알려져 있다.

제도가 갖춰 있지 않음에도 불구하고, 함께 양봉을 배운 동료 중에는 주택에서 벌을 치는 분이 있었다. 경기도 성남에 사는 동료는 9명의 대가족이 사는 3층짜리 주택 옥상에서 양봉을 한다. 그곳은 아이들의 생태학습장이자 가족들이 먹는 꿀의 창고였다. 그는 옥상이 선물이 되는 삶을 살고 있었다.

그에게 어떻게 옥상 양봉을 시작할 용기를 냈느냐고 물어봤다. 자가 주택 소유자라는 것 외에도 역시 믿는 구석이 있었다. 그는 당부하듯 말했다.

"이 동네에서만 20년을 살았어요. 동네 분들을 다 알고 사이도 나쁘지 않아요. 물론 양봉을 싫어하는 주민도 있고 그래서 싸운 적도 있긴 해요. 피해가 가지 않게 관리 잘하고 수확한 꿀을 나누면서 가까워졌어요. 나 재미있다고 하는 양봉이지만 해를 끼치면 안 됩니다."

동료는 벌과 이웃의 관계가 나빠지지 않도록 세심하게 신경 썼다. 주택이 오밀조밀 밀집된 골목이 대부분 그렇듯 그의 집은 삼면이 다른 주택으로 둘러싸여 있다. 집이 빌딩처럼 홀로 불쑥 튀어나올 만큼 높았다면 좋았을 텐데 옆 건물보다 키가 작다. 그는 옆 건물 이웃들이 벌과 대면할 일이 없도록 벌통 주변에 성인 남자 키 높이의 스티로폼 벽을 따로 만들었다. 밀랍이 바닥에 떨어지면 옥상이 쉽게 더러워지니 미관을 고려해 자주 청소도 했다고 한다.

하지만 모두가 옥상을 가지지는 못한다. 성냥갑 같은 아파트로 빼곡한 도시에서 벌이 살기 좋은 조건을 만족하는 공간을 찾기란 정말 쉽지 않았다.

서울은 이미 빌딩으로 숲을 이뤘다. 녹지 공간을 충분히 확보하지 못하고 계속 팽창해왔다. 계절이 변하듯 도시의 풍경도 계속 변했다. 지난해에는 시원하게 보였던 하늘이 새로 지어진 아파트 단지에 가려졌고, 빌딩 숲 사이의 외로운 섬이었던 언덕은 건물을 지어 올리기 좋게 금세 평평해졌다.

상황이 이렇다 보니 벌이 살기에 나무와 꽃이 충분한 곳은 보통 산이었다. 한국에서 꽃꿀로 유명한 아까시나무, 밤나무를 비롯해 소나무, 피나무 등 벌이 좋아하는 밀원식물은 도시가 조금씩 품고 있는 산속에서만 드문드문 꽃을 피워낸다.

나는 2년간 어반비즈서울이 마련한 땅에서 양봉을 했다. 어반비즈서울은 나 같은 고민을 하는 도시양봉가들을 대신해 옥상을 구하고 임대하고 함께 양봉을 하며 도시양봉을 연구하고 시민들에게 알리는 일을 한다.

양봉을 배우던 첫해에는 서울 은평구와 경기도의 경계에 있는 이름 모를 산 아래 텃밭에서 벌을 쳤다. 대로변 버스 종점에서 10분 이상 걸어 들어가야 했지만 높은 건물이 없어 벌들이 이동하기 나쁘지 않았다.

물론 이곳도 주말에 양봉장을 갈 때마다 주변 환경이 달라졌다. 여름부터 텃밭 아래에서 아파트 공사장의 땅파기가 본격적으로 시작되더니, 양봉장으로 올라가는 녹색의 오솔길이 대형 레미콘 차량이 다니는 누런 흙길로 변했다. 쩽쩽 하는 현장음은 시간이 지날수록 커졌다. 쑥쑥 키가 자라는 아파트를 바라보면서 내년에는 다른 곳으로 이사 가야 한다는 걸 직감했다.

미국 샌프란시스코에 있는 농장 내부의 양봉장.
해외의 많은 도시들에서는 도시농업의 한 분야로 양봉이 잘 자리 잡고 있다.

결국 다음 해에는 이 양봉장을 비워줘야 했다. 주택 옥상과 집 근처 텃밭을 구해 벌통을 설치한 이들도 있었지만, 나같이 마땅한 공간을 찾지 못한 사람이 많았다. 이번에도 어반비즈서울에 부탁하기로 했다. 해가 바뀌기 전 서울 외곽의 공동묘지 주변 땅을 싸게 빌려 쓸 수도 있겠다는 말을 듣고 기대해보았지만, 계약이 어그러져버렸다. 양봉가들은 언 땅이 녹기 전, 음력 설 전후로는 양봉할 곳을 구해두어야 한 해 농사를 짜임새 있게 준비할 수 있다.

가난한 사람들은 지상에 살지 못한다. 도시의 가난은 가장 먼저 지하나 지붕 없는 옥탑으로 숨어든다. 조물주 위에 건물주 있는 세상, 사람이나 벌이나 도시살이는 똑같이 힘들었다. 도시 양봉을 할 때도 건물주가 중요했다. 도시 빈민이 옥탑으로 모여들듯 벌들도 도시의 옥상에 모여든다.

❸ 옥상에 마련한 양봉장

도시는 생각보다 양봉하기 적합한 곳이었다. 고온 건조하기 때문에 벌이 살기에 기후 조건이 알맞고 살충제를 뿌릴 일이 적기 때문에 안전한 꿀을 얻을 수 있다. 그중에서도 옥상은 이미 세계 도시양봉가들이 주목하는 공간이다. 인간이 지구를 점령한 듯 보이지만 광활한 땅속과 하늘에는 아직 인간이 정복하지 못한 공간이 있다.

그래서일까. 영국 런던, 프랑스 파리, 미국 뉴욕, 일본 도쿄 등 여러 나라의 도시양봉가들은 수많은 옥상을 활용할 것을 권유한다. 이들 도시에는 관공서나 학교, 백화점이나 호텔 옥상 등에 양봉장이 있다. 식당이나 빵집에서 건물 옥상에 벌통을 두고 꿀을 수확해 요리에 활용하는 경우도 많다. 호텔에서는 실용적 목적뿐만 아니라 새로운 이미지를 구축하기 위해 옥상에 벌통을 두기도 한다.

2016년 가을, 벌통 3개를 들여놓으며 양봉을 시작한 서울 동작구 상도동 핸드픽트호텔 옥상에는 이제 8개의 벌통이 있다. 김성호 핸드픽트호텔 대표이사는 꿀로 주변을 달콤하게 만들고 싶어했다. 자기 아이에게 환경과 생명을 소중하게 생각하는 마음을 갖게 해주고 싶은 마음을 더해 옥상에 양봉장을 마련했다고 한다. 가을에 수확한 약간의 꿀로, 허니문을 떠나는 부부 등 특별한 투숙객에게 '허니'(꿀)를 선물했다. 호텔에서 만드는 음식에도 수확한 꿀을 이용했다.

서울 동대문 이비스버젯앰배서더호텔은 "예비사회적기업을 돕고 환경 친화적인 호텔의 정책을 펼치기 위해" 옥상 양봉장을 허락했다. 이 호텔은 같은 그룹의 외국 호텔이 도시양봉을 활발하게 하고 있어 참여가 쉬웠다고 한다. 객실 손님을 위해 꿀 비누를 제공할 계획도 세우고 있다. 2018년 황보석 호텔 총지배인이 전하길, 한 일본 손님은 안내 데스크에 와서 벌이 쏘지는 않느냐고 자세히 묻고는 한 시간 정도 양봉장을 재미있게 구경했

서울 명동의 빌딩 숲속, 유네스코회관 옥상에 있는 양봉장.
톱바 벌통과 랭스트로스 벌통이 다정하게 빌딩 옥상에 자리하고 있다.

다고 한다. 어떤 중국 손님은 호텔 이용 후기에 "보기 좋다"라는 평을 적었다.

서울에는 두 곳 외에도 옥상 양봉장이 더 있다. 성동구의 카우앤독, 광진구의 재한몽골학교, 금천구의 CJ대한통운 서울지사 등 어반비즈서울이 운영하는 옥상 도시양봉장은 20여 곳에 이른다. 성남의 동료 양봉가처럼 자신의 주택 옥상에서 벌을 치는 사람도 꽤 늘고 있다.

박원순 서울시장 취임 초기에 서울시청사 옥상에도 벌통이 잠시 있었다가 사라졌다. 언젠가 박 시장에게 "왜 양봉장을 없앴나요?"라고 물어봤더니 "해봤잖아요. 해봤으니 됐죠"라는 대답을 들었다. 벌을 들이면 책임지고 벌통을 관리할 사람이 필요하니 바쁜 공무원들에게 무작정 양봉을 하라고 할 수만은 없겠지만 어딘지 아쉬운 대답이었다.

옥상에서 벌을 친다고 하면 벌이 옥상에 살아도 괜찮냐는 질문을 많이 받았다. 침이 있는 벌이 건물 벽을 타고 낙하해 사람을 공격하는 일이 벌어지면 어떡하느냐는 우려였다. 그러나 옥상에 사는 벌이 지상의 도시인 눈높이로 날아다닐 일은 거의 없다. 많은 사람들이 도심 호텔 옥상에 벌이 있는지 여태껏 모르고 지내지 않았는가. 집이 옥상에 있는데 아래로 내려갈 이유가 있겠느냐고 벌이 반문할지도 모른다. 훗날 하늘을 나는 자동차 사용이 빈번해져서 교통 체증까지 생긴다면 벌과 마주칠 일이 생길 것이다. 하지만 지금까지는 저 높이 나는 비행기와 건물 옥상 사이 너른 빈 하늘이 날개 달린 생명의 마지막 피난처다.

그래도 벌통을 설치할 옥상을 찾기가 쉽지 않았다. 개인이 무턱대고 빌딩 옥상에 벌통을 놓을 수는 없다. 아파트에 사는 나는 아예 옥상을 이용할 수조차 없었다. 내 고민에 어반비즈서울의 박진 대표가 대답했다.

"집 구하는 방법이랑 똑같아요. 벌을 키울 만한 위치에 있는 건물을 골라보세요. 그다음에 등기부등본을 떼고, 등본에 나오는 건물주를 만나보는 거죠. 옥상을 빌려주면 수확하는 꿀의 일부를 주겠다, 사고가 나지 않도록 철저히 관리하겠다는 제안을 해보세요. 도시양봉에 관심 있거나 도시양봉을 이해하는 착한 지인이 건물주라면 가장 좋겠죠."

'남의 논밭을 경작하며 곡식을 바치던 소작농의 삶도 이러했겠지. 건물주가 될 수 없다면 건물주의 친구라도 될걸 그랬어. 이참에 옥탑으로 이사를 갈까. 개·고양이도 아니고 벌을 키운다고 하면 집주인이 좋아할까……'

이게 양봉장을 찾아 헤매는 나의 솔직한 마음이었다. 도시양봉가들은 대부분 양봉터를 구하면서 자연스럽게 도시 빈민의 감수성을 체득한다. 양봉을 해도 좋다고 허락할 건물주를 찾아 설득하는 건 집을 구하기 위해 발품을 팔아야 하는 도시인의 모습과 정확하게 겹친다. 주인이 허락한다 해도 주변에 꽃이 피는 녹지가 있어야 하기 때문에 생태 환경 문제에 자연스럽게 눈뜨게 된다. 이렇게 도시양봉을 하면 부동산과 생태, 공동체 문제

등 도시가 낳는 사회문제에 예민해질 수밖에 없다. 여기에다 빌딩과 아파트를 병풍 삼아 벌을 만나는 융통성, 다른 도시인과의 공생을 해치지 않는 섬세함이 도시양봉가에게 필수 덕목이다.

은평 양봉장에서 양봉에 입문했던 나는 그다음 해에 다행히 동대문 이비스버젯앰배서더호텔 옥상에서 벌들을 만날 수 있었다. 게을러서 직접 땅을 구하지는 못했다. 그 대신 어반비즈서울이 설치한 옥상의 벌통 하나를 관리하기로 약속했다. 관리권을 얻는 대신 약간의 임대료를 지불했다. 전문 소작농에게서 다시 소작하는 이른바 전대차계약 방식이랄까. 일단은 씩씩하고 부지런한 소작농이 되어보기로 했다.

❹ 벌 구입하기

자연이 참으로 매정하게 느껴지는 순간이 있다. 자연의 질서대로라면 약육강식의 논리를 따라야 한다. 건강한 개체가 병든 개체를 이긴다는 것, 그리고 건강 상태는 환경의 영향도 중요하지만 타고난 유전자가 많은 것을 결정한다는 것이다. 이 논리대로라면 인간의 노력, 환경의 중요성은 끼어들 빈틈이 보이지 않는다. 양봉을 잘하기 위해 가장 중요한 것은 당연히 벌이었다. 건강한 벌이 양봉의 시작이자 끝이었다.

"아무리 밀원식물이 풍부하고 관리 기술이 뛰어나다 해도 키우고 있는 꿀벌의 형질이 좋지 않으면 결코 양봉 산물의 다수확을 기대할 수 없다."

농촌진흥청에서 펴낸 책 『양봉』에는 이렇게 쓰여 있다. 유전적으로 병약한 벌은 꿀을 많이 수확하기 어렵다는 선언이다. 이런 내용도 있다.

"어린 벌일수록 좋다. 일벌의 얼굴이 선명하고 털은 많고 길어야 한다. 벌통을 열었을 때 동요하지 않고 온순하면 좋다. 여왕벌의 경우 가슴이 크고 복부는 길면 좋다."

유전자가 지배하는 자연의 세계에서 외모는 우등과 열등을 가르는 주요한 기준이다. 어릴수록 좋다는 말은, 여름철 평균수명이 45일밖에 되지 않는 일벌의 일생을 고려할 때 젊은 벌이 더 오래 일할 수 있다는 것을 의미했다.

하지만 양봉가가 벌을 보고 상태를 파악하기는 쉽지 않다. 활동성을 보고 '느낌적 느낌'으로 어떤 벌이 젊은지 판단해야 한다. 다만 여왕벌이 낳은 알이나 애벌레 수를 통해 곧 태어날 벌이 얼마나 될지는 추정해볼 수 있다. 애벌레방의 문이 밀랍으로 덮이면 곧 벌이 태어난다는 의미니 그만큼 벌통 안에 벌이 많아질 것이다.

그 외에 병해충 유무, 일벌의 수와 상태, 여왕벌의 산란과 몸 상태, 벌집 상태 등을 살피는 것이 좋다. 또한 벌통 안에 기생하는 진드기는 적을수록 좋다. 진드기는 벌의 등에 올라타 있는 경우가 많은데, 벌이 갈색 배낭을 멘 모습을 하고 있다면 진드기의 피해를 보고 있는 것이다.

양봉가가 들고 있는 것이 벌이 알을 낳고 꿀을 채워 넣을 수 있는 빈 벌집틀, 즉 소비다.
양봉을 처음 시작한 이들은 대부분 벌통과 벌이 붙은 소비를 한꺼번에 구입한다.

건강한 벌이 태어나려면 근친교배는 피해야 한다. 다양한 유전자를 가진 수벌이 교미에 참여할 때 좋은 벌들이 태어난다. 그래서 양봉가들은 각각 다른 벌통에 사는 여러 수벌을 잡아 그들의 정액을 혼합해 여왕벌과 인공수정을 하기도 한다.

벌을 구입할 때 따져볼 것은 많지만, 현실적으로 대부분의 도시양봉가들은 벌통과 벌이 붙은 소비를 양봉 농가에서 한꺼번에 구입한다. 가격은 소비에 여왕벌이 낳아둔 애벌레방이 많고 적음에 따라 차이가 난다. 2019년 봄을 기준으로 애벌레방이 있는 소비 7~8장의 시세는 20만 원 정도였다. 3~4장이면 15만 원이다. 꾸준히 양봉을 하려면 믿을 만한 단골 양봉 농가를 알아두고 그곳에서 구입하는 것이 좋다.

나의 경우 어반비즈서울의 벌통을 관리하기 때문에 벌을 따로 구할 필요는 없었다. 하지만 벌을 어떻게 구입할 수 있는지 궁금해 취재를 해보았다.

　경남 하동에서 4대째 양봉을 하고 있는 한 양봉가는 "남쪽부터 북쪽으로 올라가면서 벌의 한해살이 활동이 시작되는데, 2월 말부터 4월 초 사이에 벌을 구입하는 것이 가장 좋다. 벌을 구입할 때는 여왕벌이 알을 잘 낳는지 확인하는 것이 가장 중요하다"라고 귀띔해주었다. (사)한국양봉협회 홈페이지에는 벌을 판매하는 양봉가들의 글을 쉽게 확인할 수 있다.

　원익진 (사)한국양봉협회 서울지회장이 추천하는 벌 구입법은 이러하다. "건강한 벌인 줄 알고 사왔어도 몇 달 지나 병에 걸려 죽는 경우가 있다. 유전적으로 건강하지 못하거나 처음부터 질병 인자를 가지고 있는 경우에 그렇다. 농가는 전해 가을부터 벌의 전염병 예방에 철저히 신경 써야 하고, 새로 양봉을 시작하는 사람은 벌을 파는 농가가 건강하게 벌을 키우는지 입소문을 확인하는 게 좋다."

❺ 벌통 설치하기

벌은 해가 지면 벌통 안에 머물다가 해가 뜨면 밖으로 나온다. 한낮에 벌통 주변을 분주하게 오가던 벌들이 해가 질 때쯤이면 벌통 입구에 옹기종기 모여 있는 모습을 볼 수 있다. 태양이 뜨고 질 때에 맞춰 꽃이라는 직장으로 출퇴근을 하기 때문에 어두움이 내려앉으면 벌들도 벌통에 내려앉아 하루를 마감한다.

남향집에 살면 사람도 벌도 부지런해진다고 한다. 양봉가들은 벌통 입구를 볕이 일찍 드는 남쪽으로 향하게 한다. 벌들이 더 빨리 집을 나가 꿀을 따오길 바라는 마음에서다. 그렇지만 남쪽에 벽이나 높은 건물이 있을 경우에는 벌이 비행하기 불편하므로 남향 배치를 피하는 것이 좋다.

은평 양봉장은 남쪽으로 문을 낸 벌통이 지면과 직접 닿지 않도록 따로 받침대를 뒀다. 지면에서 10~20cm 떨어지도록 해 바닥과 벌통 사이에 통풍이 잘 되도록 했다. 또 빗물이 벌통으로 들어오지 않도록 벌통을 앞쪽으로 살짝 기울였다. 동대문 양봉장은 벌통을 흙 위에 그대로 두었는데, 관리 면에서 받침대를 둘 것을 추천한다.

은평 양봉장은 여러 명이 각자의 벌통을 관리하는 공동 양봉장이었기 때문에 벌통 간격을 적당히 떨어뜨려 놓았다. 하나의 벌무리가 공유하는 페로몬은 각 벌통에 사는 여왕벌의 것으로 벌통마다 다르다. 만약 벌통이 너무 가깝게 붙어 있으면 벌이 옆집을 자기 집으로 착각해 잘못 들어갈 수 있다. 남의 집에 들어간 벌은 침입자로 오인돼 일당백으로 싸우다가 장렬히 전사하기 쉽다.

그러나 벌의 이동이 없는 월동기에는 벌통 간격을 좁혀줘 벌들이 보온을 유지하도록 돕는다. 반대로 여름에는 가까이 붙어

서울과 경기도의 경계에 있던 나의 첫 양봉장.
산 바로 아래에 있어서 도시의 느낌은 별로 나지 않는 곳이었다. © 동현

있으면 벌들도 더울 테니 간격을 넓혀도 된다.

벌통을 설치할 때는 벌통이 흔들리므로 벌들이 흥분할 수밖에 없다. 그때 무심코 벌통을 열면 성난 벌들이 엉덩이에 잔뜩 힘을 준 채 위협할 것이다. 운이 나쁘면 벌통 안의 벌이 한꺼번에 날아올라 한순간에 벌을 잃어버릴 수도 있다.

벌통이 흔들린 경우, 벌통 표면에 약간의 물을 뿌려 온도를 떨어뜨리면 벌들이 진정된다. 벌 스스로 차분해지길 기다리는 것도 좋지만, 열이 너무 많이 올랐을 때는 벌통 문을 열어줘야 내부의 열로 벌이 죽는 불상사를 막을 수 있다.

생각해보니 양봉할 때마다 벌의 기분을 살피며 눈치를 보곤 했다. '언니가 왔다'고 사정해봐도 보호자로서 특별 대접을 받

지 못했다. 인간의 언어로 소통할 수 없는 생명과 소통할 때는 항상 인내심이 필요하다는 것을 배운다. 벌에게 아무 기대가 없었기에 상처받을 일은 없었다. 기대 없이 누군가를 사랑한다는 것은 말이 통하지 않는 동물을 좋아할 때 갖는 자연스러운 감정이다. 어느새 벌들이 잘 지내는지 궁금해 양봉장 가는 날을 기다리고 있는 나 자신을 발견했다.

벌통을 열 때마다 그날의 벌 상태가 궁금했다. 포장된 선물을 개봉할 때의 느낌 같다고 할까. 대부분 예상했던 대로 평온하고 온화했지만, 잘못 건드리고서 벌통을 열었을 때는 받고 싶지 않은 선물을 확인하는 기분이었다.

은평 양봉장에서는 벌통을 직접 조립했다. 양봉 농가에서 벌이 들어 있는 벌통을 통째로 구입할 수도 있지만, 건강한 벌이 있는 양봉가라면 벌통만 따로 필요한 순간이 온다. 랭스트로스 벌통은 규격화돼 있기 때문에 조립용 나무를 사고 못질을 해서 직접 만들 수 있다. 이 벌통을 만들 때는 벌들이 빠져나갈 틈새가 없도록 꼼꼼하게 못질을 해야 한다. 동료들과 나는 각자의 개성을 담아 벌통 위에 그림을 그리거나 글씨를 썼다. 나는 못질을 잘하지 못해 다른 동료들의 도움을 많이 받았다. 항상 감사하게 생각한다.

인류는 언제부터 벌을 가까이하며 지내왔을까.

유적으로 미루어보면 그 흔적은 수렵 생활을 하던 선사시대로 거슬러 올라간다. 1919년 스페인 아라냐 동굴에서 발견된 벽화에서는 야생 벌통의 꿀을 훔치는 곰돌이 푸 같은 사람이 목격된다. 여성으로 보이는 사람이 줄사다리를 탄 채 한 손에 바구니를 들고 다른 손으로는 벌통에 손을 넣어 꿀을 모으는 모습이 묘사된 것이다. 학자들은 이 벽화가 기원전 7000년경 제작된 것으로 추정한다. 벽화에서 벌은 사람의 머리만 하게 그려져 있는데, 고대인들이 벌을 무서워해서 실제보다 크게 그린 것으로 보인다.

고대 그리스의 철학자 아리스토텔레스는 자연과학에도 관심이 많아 『동물의 역사』라는 책을 집필했는데, 이 책의 제5권에는 꿀벌의 생태가 기술되어 있다. 당대를 대표하는 학자의 관심을 끌 만큼 꿀벌은 중요한 동물 중 하나였다. 하지만 아리스토텔레스의 서술에는 사실과 어긋나는 부분도 보인다. "꿀벌 왕의 애벌레는 부드럽고 진한 꿀과 비슷한 연노란색인데, 이것이 자라 꿀벌 왕이 된다." 그가 진한 꿀과 비슷한 연노란색이라고 한 것은 실은 로열젤리일 것이다.

고대 이집트에서는 미라를 만들 때 프로폴리스를 발라 부패를 막았고, 이집트의 여왕 클레오파트라는 벌꿀 등을 첨가한 자신만의 향료를 즐겨 썼다고 한다. 이러한 풍습은 로마 시대로도 이어져 당시의 귀족들은 화장품이나 고급 식재료로 벌꿀을 사용했다.

서양에서는 로마제국의 세력이 확장되면서 양봉이 함께 확산되었다. 카이사르 시대인 기원전 1세기에 학자이자 작가였던 마르쿠스 테렌티우스 바로Marcus Terentius Varro는 『농업론』이라는 책에서 양봉으로 성공한 부자를 소개하고 있다. 동양에서는 중국 진나라

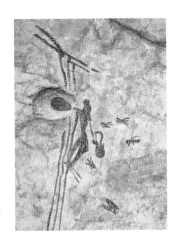

스페인 발렌시아 지방의 아라냐 동굴에서 발견된 벽화. 여성으로 보이는 사람이 줄사다리를 타고 올라가 꿀을 모으는 모습이 묘사되어 있다.

때의 의사이자 문학가 황보밀皇甫謐이 쓴 『고사전』高士傳에 157~ 167년 꿀벌을 길렀다고 쓰어 있으니, 동서양에서 양봉은 200여 년의 시차를 두고 확산된 것으로 보인다.

한국은 삼국시대 무렵 양봉을 시작한 것으로 추정된다. 또한 일본의 오래된 역사책 중 하나인 『니혼쇼키』日本書紀에는, 643년 백제의 태자 여풍餘豊이 태화륜산(지금 충북 단양과 강원도 영월 사이)에서 양봉을 했고 그 방법을 일본에 전했다고 기록돼 있다.

통일신라 시대에는 밀랍을 이용해 거푸집을 만들었다는 기록도 있다. "에밀레" 하고 운다고 해서 에밀레종이라고 부르는 성덕대왕신종은 밀랍으로 만든 거푸집에 청동을 부어 만들었다. 발해에서는 벌꿀과 밀랍초를 일본에 선물했다는 기록도 전한다.

고려 시대에는 꿀을 이용해 과자를 만들어 먹었으며, 절에서 양봉을 해 꿀과 밀랍이 사찰의 중요한 자원으로 쓰였다고 한다. 조선 후기의 명의 허준이 지은 『동의보감』에는 꿀의 효능이 기록되어 있으며 애벌레까지 영약으로 묘사하고 있는 것으로 보아 이 두 가지가 의료 분야에서 이용된 것으로 보인다.

인간이 처음 만든 벌통은 나무 틈새에 있던 벌집을 변형한 모양이었다. 마른 진흙이나 점토로 만든 인도의 항아리, 진흙을 바른 이집트나 그리스·로마의 바구니, 짚을 꼬아 소똥을 바른 중세 유럽의 바구니 등이 과거의 벌통이다. 이런 벌통은 꿀을 채취하면 벌집이 훼손되어서 재활용이 불가능했다.

근대 양봉은 재래식 벌통을 상업용 벌통으로 개량하면서 시작되

중세 유럽에서 제작된 건강 서적의 삽화. 바구니형 벌통과 그 주위를 날아다니는 벌이 묘사되어 있다. 꿀은 예나 지금이나 건강에 관심 있는 이들의 각광을 받고 있다.

었다. 이를 주도한 로렌조 랭스트로스는 예일 대학 출신의 목사이자 양봉가였다. 그는 벌집 뭉치 사이에 6~7mm 간격으로 벌어져 있는 이동 통로bee space를 발견했고, 벌통 안에 있는 벌들이 이 공간을 확보한 뒤 이동한다는 것을 확인했다.

랭스트로스는 서류철을 보관하는 서랍과 유사한 형태로, 네모 반듯한 소비를 쉽게 넣었다 뺄 수 있는 상자형 벌통을 만들었다. 이렇게 만들어놓으니 소비는 벌통 안에 떠 있는 형태가 되었다. 자연에서는 벌이 벌집 외부를 밀랍으로 봉했다면, 이제는 공간이 생겨 양봉가가 벌통 안을 들여다보기 수월해졌다. 더욱이 양봉가가 소비를 빼내어 꿀을 얻은 뒤에 벌통을 부수지 않아도 되었다. 1851년 10월 31일 랭스트로스는 이렇게 벌통의 훼손 없이 꿀을 얻을 수 있는 이동식 벌통을 발명했다.

그의 벌통은 대성공을 거두었고 20여 년이 지나서는 국제 표준

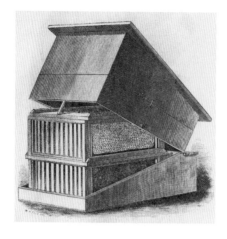

1851년에 출간된 랭스트로스의 『벌통과 꿀벌』*The Hive and the Honey Bee*에 수록된 삽화. 벌통 안에 차곡차곡 꿀을 모을 수 있는 소비가 들어 있다.

으로 자리매김했다. 벌통이 규격화돼 있어 층층이 쌓아 올리기 편해지면서 상업 양봉은 더욱 발전했다. 랭스트로스 벌통에 맞는 소비, 채밀기 등도 연이어 발명되었다. 서양의 양봉 기술이 소개되면서 서양종 꿀벌까지 세계에 널리 퍼질 수 있었다.

우리나라에서는 서양종 꿀벌이 널리 활용되기 전까지 '토종벌'로 불리는 동양종 꿀벌로 양봉을 했다. 동양종은 삼국시대인 기원전 58~18년 무렵 중국을 통해 국내로 들어왔고, 앞서 언급했듯 『니혼쇼키』에는 백제의 양봉 기술이 일본으로 전수된 기록이 남아 있다.

서양 양봉이 한국에 들어온 것은 20세기 초였다. 독일에서 양봉을 공부하고 들어온 윤신영 선생과 서울 백동 베네딕도 수도회 선교사였던 독일인 카니시우스 퀴겔겐Canisius Kügelgen(한국명 구걸근) 신부에 의해 1916년 도입된 것으로 알려져 있다. 퀴겔겐 신부는 우리나라 최초의 양봉 교재인 『양봉요지』養蜂要誌의 필자이기도 한데,

이 책자의 유일본은 독일 뮌스터 슈바르자흐 수도원에 보관되어 있다가 2018년 영구 대여 방식으로 한국에 돌아왔다.

그런데 최근 서양 양봉의 도입 시기가 이보다 앞설 수도 있다는 주장이 제기되었다. 《매일신문》의 2019년 4월 11일자 보도에 의하면, 벌침 교육 전문가 이영기 씨가 1920년 11월 발행된 일본의 잡지 《양봉지우》養蜂之友에서 새로운 기록을 발견한 것이다. 여기에 게재된 '조선의 양봉'이라는 글에 따르면, 대구 달성군의 백기농장 주인 오카모도 씨가 1910년 과수원을 운영하면서 벌을 분양하고 벌꿀과 양봉 기구를 판매했다고 한다. 이것이 기록상 우리나라 최초의 양봉장으로 추정된다는 것이다. 한국에서의 서양 양봉 도입 시기와 관련해서는 좀더 연구가 진척되어야 할 것으로 보인다.

일제강점기에는 동양종 꿀벌이 12~16만여 통, 서양종 꿀벌이 1~3만여 통 있었다는 기록이 있다. 1956년부터 그 수가 점차 증가해 1980년대에는 둘을 합치면 50만여 통으로 늘었다. 이후 2010년 기준으로 동양종 17만여 통, 서양종 153만여 통이 국내에 있는 것으로 집계되고 있다.

벌의 구조부터 영혼까지 알고 싶었습니다

벌의 똥은 자기 몸처럼 예쁜 노란색이다. 벌똥도 새똥처럼 옷에 묻으면 쉽게 지워지지 않는다. 그래서 양봉장에 다녀올 때면 옷 여기저기에 벌의 흔적이 노랗게 묻는다. 나들이를 떠나는 시민들로 북적이는 주말 한낮의 지하철 안, 말끔한 도시인들 사이에서 옷에 묻은 노란 자국을 지우곤 했다. 그럴 때면 겁 없이 덜컥 양봉을 시작한 건 아닐까 생각하기도 했다. 늦잠을 잘 수 있는 토요일 오전에 양봉장에 가야 하는 게 때로는 힘들었지만, 그래도 벌은 알면 알수록 신기하고 귀엽다는 결론에 다다르면 이 생활이 만족스러웠다.

양봉장에 가면 웅웅거리는 소리 때문인지 주변에서 격리된다는 느낌을 받았다. 나는 그때의 기분이 싫지 않았다. 안전한 방충복이 마치 세상과 분리된 나만의 캡슐처럼 느껴졌다. 그 속에 머물면서 벌통 안을 가만히 들여다보고 있는 시간이 편안했다. 웅웅거리는 소리만 들리는 양봉장에 가만히 있다 보면 평일에 쌓였던 인간 세상에서의 스트레스 따위가 무엇이 중요하냐고 벌들이 내게 묻고는 했다. 양봉장에서 나는 벌들이 사는 나라에 떨어진 소심한 거인 걸리버였다.

사실 양봉은 벌이라는 노동자가 만든 생산물을 인간이 착취하는 일이다. 인간은 벌들이 자신의 먹이인 꿀을 필요보다 더 많이 생산하도록 독려하고 그들의 식량을 제외한 나머지 생산물을 가져간다. 마르크스의 관점으로 본다면 양봉가는 벌의 노동력을 착취하고 있다. 벌들은 굳이 그렇게 열심히 꿀을 모을 필요가 없는데 양봉가의 주도로 자신도 모르게 꿀을 열심히 모으고 있는 것이다. 양봉에 활용되는 서양종 벌 역시 꿀을 잘 모으기 때문에 선택됐다.

양봉을 하면 자연스럽게 벌의 생태와 관련한 과학 지식을 쌓을 수 있다. 양봉은 동물과 함께한다는 점에서 일반적인 농사와는 상당히 다르다. 벌이 어떤 생물인지, 뭘 하고 사는지를 알아야만 벌통에서 일어나는 일을 이해하고 예상할 수 있다. 양봉가는 자연히 벌 전문가가 될 수밖에 없다.

사랑을 할 때 상대를 서서히 알아가듯 벌이 어떤 존재인지, 무엇을 원하는지 알아가는 건 꽤 흥미로운 일이었다. 도시양봉가들끼리 만나면 벌이 얼마나 존경스러운지를 감탄하며 벌 자랑을 할 때가 있는데, 그건 우리가 발견한 신비로운 벌들의 세계를 누군가에게 알리고 싶기 때문이다.

벌에 대해 알아갈수록 인간 사회와 벌들의 세계를 비교하게 됐다. 여왕벌이라는 권력의 정점이 있고 그 정점을 중심으로 일사분란하게 움직이는 벌무리를 보다 보면 자연스럽게 정치와 민주주의가 떠오른다.

실제로 한 마리의 여왕벌이 수만 마리의 일벌을 지도하는 벌 사회의 질서는 많은 정치가들에게 영감을 주었다. 프랑스의 나폴레옹이 황제 대관식에서 입은 망토에는 메로빙거 왕조의 상징인 꿀벌이 수놓여 있었는데, 이러한 유사성을 통해 그는 통치의 정당성을 확보하고자 했다. 독일의 전체주의 사상이 반영된 『꿀벌 마야의 모험』에서 여왕벌은 일벌들에게 말벌과의 전투에 과감히 나설 것을 주문하기도 한다.

한편 혹자는 집단지성에 의거해 벌통의 질서를 유지하는 벌무리를 두고 민주주의를 이야기한다. 벌은 먹이량을 고려해 개체 수의 증식 속도를 조절할 수 있다. 벌무리는 생활에 필요한 꿀 수요량와 공급량을 정확히 가늠하는데, 이처럼 벌통 안에서는 뭐든 넘치거나 부족할 일이 없다.

지도자에 대한 평가도 거침없이 이뤄진다. 여왕벌이 건강하지 않다고 판단되면 일벌은 새로운 여왕벌을 태어나게 한다. 특수한 상황에서는 다수의 일벌이 절대 권력자를 견제하는 능력도

발데마르 본젤스가 1912년 발표한 아동문학의 고전 『꿀벌 마야의 모험』의 삽화.
제1차 세계대전 당시 독일에서 발흥한 전체주의를 옹호하는 작품으로 비판받기도 했다.

갖추었으니 꽤 민주적인 조직이다. 양봉가는 일벌의 판단을 면밀히 살펴 현재 벌통의 상태를 진단할 수 있어야 한다.

여왕벌과 일벌의 관계도 벌의 생태에서 중요한 부분이다. 난소의 기능이 퇴화된 일벌은 여왕벌과 자매 또는 모녀 사이라고 할 수 있다. 하나의 벌통은 건강한 여왕벌과 충성스러운 일벌의 *끈끈한* 관계가 유지될 때만 영속성이 유지된다. 수벌은 짝짓기 때만 일을 하기 때문에 일단 여왕벌이 산란을 시작한 벌통에서는 큰 영향을 미치지 않는다. 뒤에 설명하겠지만 벌통에서 여왕벌과 일벌은 수벌의 수도 조절할 수 있다. 그야말로 벌무리는 모계 중심 사회의 원형이라고 할 수 있다.

벌통 속 모든 구성원에게는 운명 공동체라는 끈끈한 연대 의식이 있다. 각자 맡은 일을 잘하면 잘 살 수 있다는 믿음이 있다. 교미하기, 알 낳기, 먹이 구하기, 짐 나르기, 방 만들기, 새끼 기르기 등 각각의 역할에 충실하다 보면 집단의 번영은 따라온다는 믿음이 유전자에 새겨져 있는 것 같다.

벌은 인간처럼 이성에 따라 행동하는 것이 아니다. 사람처럼 기대하고 욕망하고 경쟁하지 않는다. 벌은 타고난 대로 살고 있을 뿐이다. 홉스는 "꿀벌 사회에는 공익과 사익의 차이가 존재하지 않으며" 꿀벌은 "본능적으로 사익에 이끌려 움직임으로써 결과적으로 공익에 기여한다"라고 했다.

사실 동물을 인간과 동일하게 비교하는 것만큼 위험하고 어리석은 일은 없다. 그러나 이렇게 현명하고 매력적인 벌이라면 자꾸 인간 사회와 비교하지 않을 수 없다.

❶ 벌의 일생과 신분

"일벌은 다 수컷이야?"

어느 날 회사 선배가 내게 물었다. 상상력이 뛰어난 선배답게 질문이 참신했다. 일벌은 여왕벌처럼 알을 낳지 않으니 왠지 수컷일 것 같지만, 아니다. 산란을 하는 여왕벌과 짝짓기를 하는 벌이 수벌이다. 수벌은 일벌과 생김새가 다르다. 일벌이 수컷이 아닌 것은 분명하니, 그렇다면 암컷일까. 그렇게 볼 수도 있지만 백점짜리 답은 아니다.

일벌은 생식 능력이 없기 때문에 암수 구별이 무의미하다. 그러나 퇴화된 난소를 가지고 있으니 보통 암컷으로 여긴다. 여왕벌은 일벌로 태어난 알 중에서 한 마리가 선택돼 키워진 것이다. 그러니 한배에서 태어난 경우 여왕벌과 일벌은 자매라 할 수 있고, 여왕벌이 여러 마리의 수컷과 짝짓기를 해서 새로 낳은 일벌은 여왕벌과 모녀 관계다.

다시 한번 말하지만, 벌통에서 일어나는 일을 정확하게 이해하려면 벌을 알아야 한다. 그것은 출생부터 죽음까지 벌의 일생을 통째로 들여다보는 일이다. 벌은 알, 애벌레, 번데기, 성충의 과정을 거치며 살아간다. 이는 여왕벌이나 일벌, 수벌 모두 똑같다. 그런데 성충이 되기까지 걸리는 시간은 벌의 신분에 따라 다르다. 알에서 시작해 날개 달린 성충이 되기까지 기다려야 하는 날은 여왕벌은 16일, 일벌은 21일, 수벌은 24일이다. 양봉가가 이 기간을 알아두어야 하는 이유는 너무나 많으니 절대 잊어버려선 안 된다.

여왕벌

벌통을 지배한다. 몸길이가 15~20mm로 다른 벌보다 길다. 벌통을 열어보면 여왕벌은 집중적으로 육아를 하는 벌통 중앙에 있는 경우가 많았다. 벌방 위를 느릿느릿 기어 다니곤 했다. 벌통 안에 있는 1~2만 마리의 벌 중에서 여왕벌을 찾기란 쉽지 않

왼쪽부터 여왕벌, 수벌, 일벌의 모습. 하나하나 뜯어보면 크기와 생김새가 상당히 다르다.
하지만 벌들이 잔뜩 있는 벌통에서 여왕벌 찾기는 쉽지 않아서 따로 표시를 해두었다.

기 때문에 처음 여왕벌을 벌통에 넣을 때 등에 펜으로 점을 찍어 표시해뒀다. 하루에 1000~3000개 내외의 알을 낳는다고 한다. 꿀이 많이 들어오는 시기에는 산란 속도를 따라가기 위해 빈 벌집틀을 많이 넣어줘야 했다. 산란은 여왕벌의 임무이자 권한이다.

여왕벌은 자신만의 고유한 페로몬을 낸다. 이 물질을 여왕벌과 접촉하는 일벌이 더듬이에 묻힌 뒤 벌집 곳곳으로 퍼뜨린다. 페로몬은 벌통 안의 일벌이 여왕벌에게 복종하게 하는 신호이기 때문에 한 벌통에는 한 마리의 여왕벌만 있어야 한다. 여왕벌이 사라지거나 죽어서 새 여왕벌을 벌통 안에 넣을 때는 바로 넣으면 안 되고 기존 벌들이 새 여왕벌의 페로몬에 익숙해질 때까지 기다려야 한다.

그런데 여왕벌이 항상 일벌 위에 군림하는 것은 아니다. 여왕벌이 건강하지 않아 산란율이 떨어지면, 똑똑한 일벌은 또 다른 여왕벌을 태어나게 하고 그 여왕벌을 앞세워 이전 여왕벌이 집 떠날 준비를 하게 한다.

건강한 여왕벌은 겨울을 지내고도 살아남아 알을 낳는다. 한국에서는 혹독한 겨울 때문에 여왕벌이 한 해만 살고 죽는 경우가 많지만, 월동을 잘할 수 있도록 벌통을 보온해주고 병충해를 예방하면 4~5년 이상 사는 경우도 있다고 한다. 나는 아직 그렇게 장수하는 여왕벌을 실제로 본 적은 없다.

일벌

일하는 벌이다. 벌무리의 수벌 수에 따라 다르겠지만, 그래도 벌통에 있는 벌의 약 90%는 일벌이다. 가만히 들여다보면 벌통 안의 일벌은 쉴 새 없이 움직인다. 직장 생활을 했다면 최우수 사원으로 꼽히고도 남을 것이다.

앞에서 이야기했듯, 일벌은 여왕벌의 언니나 동생, 또는 자식이다. 여왕벌이 낳은 유정란을 로열젤리를 먹여 키우면 여왕벌이 되고 일반 꿀을 더 많이 먹여 키우면 일벌이 된다. 결국 선택받은 하나의 알만이 어려서부터 여왕 수업을 받고 자라며 나머지는 모두 일벌이 된다.

일벌은 성충이 되면 벌통 밖으로 나가 꿀을 수확할 수 있다. 하지만 처음에는 일단 벌통 안에서 일하는데, 벌방에서 나온 지 얼마나 되었느냐에 따라 하는 일이 다르다. 일벌이 하는 일은 정말 다양하다. 말벌이나 다른 벌통 벌의 침입을 막기 위해 벌통 앞을 지키고 여왕벌을 보호한다. 여왕벌이 낳은 알이 성충이 될 때까지 양육한다. 꽃꿀을 따온 뒤 침을 섞어 벌꿀을 만들고, 자

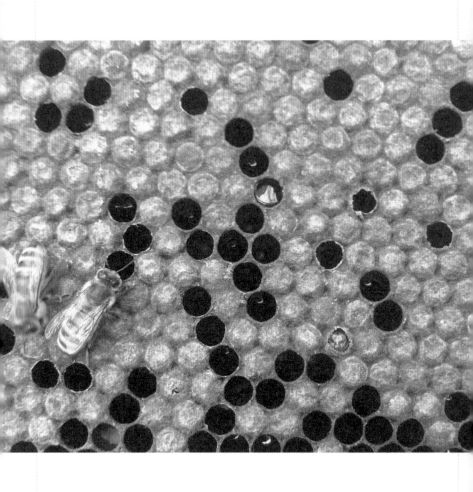

덮여 있는 벌방 안에는 성충이 될 일벌과 수벌의 애벌레와 번데기가 있을 것이다.
사진의 오른쪽 아래에 슬며시 바깥을 내다보는 새끼 벌이 보인다.

기 몸에서 분비된 밀랍에 프로폴리스를 더해 육각형 벌방도 만든다. 겨울철에는 벌통 안 온도가 떨어지면 날갯짓을 해서 벌통의 온도를 높인다. 죽은 애벌레나 벌이 있으면 벌통 밖으로 끌어다가 버린다. 문지기, 호위 무사, 보모, 요리사, 건축가, 청소 노동자 등이 변화무쌍한 일벌의 직업이다.

수벌

몸길이가 15~17mm로 여왕벌보다는 짧지만 일벌보다는 길다. 파리로 오인될 만큼 눈과 배가 검고 크다. 수벌은 커다란 눈 덕분에 혼인비행에 나선 여왕벌을 잘 알아볼 수 있다. 또 비행 능력이 필요하기 때문에 다른 벌보다 비행 근육이 발달되어 있다. 바로 뒤에서 자세히 설명하겠지만, 수벌은 여왕벌의 혼인비행 때 교미를 한 뒤 죽는다. 오직 이 일만이 벌무리에서 수벌의 존재 이유이다.

여왕벌이 낳은 알 중에서 무정란이 수벌이 된다. 여왕벌은 새로운 유전자를 제공해줄 수벌이 필요하다고 판단하면 무정란을 더 낳아 수벌 수를 늘린다. 일벌은 벌통 안에서 크고 작은 육각형 벌방을 만드는데, 여왕벌은 일벌이 만든 이 벌방의 크기에 들어맞게 유정란과 무정란을 낳는다. 수벌방은 일벌방에 비해 크기가 더 크며, 여왕벌이 산란한 뒤 밀랍으로 덮인 방을 보면 뽁뽁이처럼 볼록하게 튀어나와 있어서 일벌방과 확연하게 구분된다.

❷ 여왕벌의 혼인비행

벌의 세계에서 여왕벌이 여러 수벌과 교미하는 것은 반길 일이다. 여왕벌의 페로몬은 몇 마리의 수벌과 교미하느냐에 따라 달라지는데, 그 수가 많을수록 페로몬 냄새를 맡는 일벌도 다양해진다. 결국 여왕벌이 더 많은 수벌과 교미했을 때 따르는 일벌이 많아지고 벌무리의 세력도 커진다. 유전적으로 다양한 군집은 질병을 잘 견딜 뿐만 아니라 다른 무리보다 벌집을 30%는 더 만들고 먹이를 30% 이상 더 많이 저장하고 8자 춤도 더 잘 춘다.

여왕벌은 성충이 된 지 약 7일 후 혼인비행을 위해 잠시 집을 떠난다. 홀쩍 하늘로 날아오른 여왕벌은 페로몬의 향기로 수벌을 유혹한다. 벌집 안에서는 수벌이 이 향기를 맡아도 유혹을 느끼지 않지만, 벌집 밖에서는 다르다. 교미에 나선 수벌은 여왕벌의 향기를 맡고 달려든 또 다른 수벌들과 경쟁을 벌인다.

무서운 진실은 교미 후 대부분의 수벌이 죽는다는 것이다. 수벌은 왜 이렇게 죽는 것일까. 교미에 나선 수벌은 여왕벌을 발로 붙잡고 여왕벌의 생식기에 자신의 생식기를 갖다 붙인 뒤 정자를 여왕벌의 몸속에 넣는다. 여왕벌은 자기 배 근육을 수축시켜 이 정자를 받아들인다. 이때 수벌의 음경이 최대한 부풀었다가 폭발하고, 그 결과 대개의 수벌들은 배가 터져서 죽는다고 한다.

혼인비행을 마친 여왕벌의 배 속 저장낭에는 여러 수벌들이 사정한 정자들이 가득 차 있을 것이다. 이후 여왕벌은 이 정자들을 난관 근처의 특별한 주머니로 옮겨 신선하게 보관한다. 여왕벌은 최대 600만 개의 정자를 몸속에 보관할 수 있고 1년에 최대 20만 개까지 알을 수정할 수 있다고 한다.

❸ 벌의 해부학적 특징

도시양봉가는 때로는 생물학도가 되어야 한다. 벌의 몸이 어떠한지, 벌의 몸속에서 어떤 일이 벌어지는지 공부하는 것이 양봉에 도움이 되기 때문이다.

벌의 골격은 다른 곤충들과 마찬가지로 머리, 가슴, 배로 구분된다. 머리에는 2개의 겹눈과 3개의 작은 홑눈이 있다. 겹눈은 먼 거리와 복잡한 물체를 분별하고, 홑눈은 가까운 거리에 있는 단순한 물체를 알아본다. 벌의 눈으로 보면, 세상은 빛깔과 명암이 다른 수많은 점들이 합쳐진 모자이크 형태로 보일 것이다.

머리에는 2개의 더듬이가 있다. 벌은 더듬이로 방향을 찾고 냄새를 맡는 등 자극을 감지한다. 더듬이의 마디에 여러 형태의 감각 수용체가 있으며, 왕성하게 활동해야 하는 일벌은 감각 수용체가 발달돼 있다.

벌의 머리에 있는 큰턱과 주둥이는 덩어리를 씹기보다 액체를 빨아먹는 데 적합하게 생겼다. 꽃꿀을 빨기 좋게 진화한 것이다. 큰턱에 있는 샘에서는 투명한 액상 물질이 분비된다. 이 물질은 밀랍을 연하게 만들어주어서 일벌이 집을 지을 때 유용하게 쓰인다. 여왕벌의 페로몬도 바로 이 샘에서 나온다. 수벌의 샘은 거의 퇴화되어 흔적만 남아 있다. 주둥이는 평상시에는 뒤로 구부려두었다가 꿀을 빨아먹을 때 꺼내어 사용한다.

일벌의 머리에는 한 쌍의 하인두선이 있다. 여기에서 만들어진 로열젤리는 주둥이 쪽에 모였다가 주둥이를 뒤로 젖히면 큰턱이 벌려지면서 밖으로 나온다.

벌의 가슴에는 3개의 마디가 있는데, 마디마다 양쪽으로 3쌍의 다리가 달려 있다. 앞다리, 가운뎃다리, 뒷다리라고 부른다. 벌은 다리 끝에 있는 2개의 발톱으로 물체를 붙잡는다. 발바닥에는 빳빳한 잔털이 나 있다. 이 잔털은 일벌이 꽃 속에 들어가 꽃가루를 쓸어 모을 때 일종의 빗처럼 사용된다.

일벌은 꽃가루를 압착해서 하나의 덩어리로 만든다. 일벌의 뒷다리 마디 바깥쪽에는 긴 털들이 달려 있는데, 이는 안으로 오목하게 굽어 있어서 바구니의 역할을 한다. 일벌은 이곳에 꽃가루 덩어리를 싣고 집으로 돌아온다.

벌의 등에는 2쌍의 날개가 달려 있는데, 앞날개는 뒷날개보다 크고 맥이 발달돼 있다. 벌은 투명한 날개로 일으킨 진동의 세기를 통해 감정을 표현한다. 웅웅거리는 소리가 크고 빠르다면 '나 지금 열 받았다'는 신호다.

머리

가슴

배

더듬이 — 홑눈 — 겹눈 — 앞다리 — 앞날개 — 가운뎃다리 — 뒷날개 — 뒷다리

꿀벌의 신체 부위별 명칭. 많은 곤충이 그러하듯 골격은 머리, 가슴, 배로 분류되며,
2개의 더듬이, 2개의 겹눈, 3개의 홑눈, 4개의 날개, 6개의 다리로 이루어져 있다.

육안으로 확인할 수 있는 벌 배의 마디는 6~8개다. 마디는
앞, 뒤, 옆으로 수축과 이완이 가능하다. 벌이 숨 쉴 때 마디가
위아래로 움직이면서 통통한 배가 들썩거리는 것을 흔히 볼 수
있다.

배 속에는 밀랍선, 향선, 벌침 등이 있다. 밀랍선은 밀랍을 분
비하는 샘으로, 로열젤리를 분비하는 하인두선과 마찬가지로
밀랍을 이용해서 벌집을 짓는 일벌에게만 있다. 벌방에서 나온
지 12~18일쯤 된 일벌에게 가장 발달돼 있다. 배 끝에는 향기
나는 물질이 분비되는 향선이 있다. 평소에는 마디에 가려져 있

다가 필요할 때만 드러난다. 일벌은 향기를 통해 길 잃은 동료들이 집으로 돌아올 수 있게 도와주거나 적의 침입을 알리는 등의 의사소통을 한다.

벌침은 벌이 열 받았을 때 바깥으로 나온다. 수벌에게는 벌침이 없으며, 여왕벌의 경우 일벌보다 벌침이 크고 길다. 벌이 침을 쏘면 배 속 독주머니에 있던 독이 밖으로 배출된다.

벌의 몸집은 작지만 있을 건 다 있다. 벌의 몸속에는 소화기관, 순환기관, 호흡기관, 생식기관, 감각기관 등이 있다.

소화기관은 입에서 항문까지를 말한다. 입에서 목구멍까지의 공간은 액체 상태의 먹이를 빨아들이는 펌프 역할을 한다. 침샘에서는 소화를 돕는 침이 분비되는데, 입으로 들어온 꽃꿀은 침과 뒤섞여 가느다란 식도를 타고 꿀주머니에 도착한다. 벌은 꿀을 꿀주머니에 잠시 보관하기도 하고, 꿀주머니 아래에 있는 위로 보내 소화시키기도 한다. 위를 지나서 두 개의 장을 거친 뒤 항문이 이어진다.

벌의 심장은 배 뒤쪽에 있으며, 꿀을 먹어서인지 벌의 피는 호박색이다. 벌도 혈관을 통해 소화 물질을 주변 조직과 교환하고 폐기물과 탄산가스를 운반한다. 외부 공기를 통해 흡입된 산소는 기관지를 거쳐 온몸으로 퍼진다. 몸이 공기로 채워지면 벌은 가뿐하게 오랜 시간 빠르게 날 수 있다.

생식기관은 여왕벌, 일벌, 수벌이 각기 다르다. 여왕벌의 생식기가 가장 발달했는데, 알을 생성하는 알집과 교미로 얻은 정자를 모아두는 저장낭 등이 있다. 일벌의 경우 생식기는 퇴화된 채 독주머니만 발달했다. 수벌은 좌우 한 쌍의 고환에서 정자를 만들고, 이는 고환과 연결된 다른 주머니에 보관된다.

벌은 시력은 인간보다 나쁘고 적색 색맹이라 불완전해 보일 수 있지만, 꽃밭에서 흔히 볼 수 있는 빛깔인 파란색과 노란색만큼은 잘 알아본다. 또한 인간은 전혀 감지할 수 없는 자외선을 볼 수 있어서 다양한 종의 식물을 쉽게 구별할 수 있다. 벌은 촉각과 미각을 털로 감지한다. 소리를 듣는 기관은 따로 없지만, 털의 진동을 통해 소리도 느낀다. 몸에 붙어 있는 털들이 참으로 하는 일이 많다.

❹ 꿀과 꽃가루, 프로폴리스 수집법

사람이든 벌이든 자기 일에 열중하고 있을 때 참 멋있다. 엉덩이를 실룩거리며 벌방 안에 머리를 박고 있는 벌을 처음 봤을 때 나는 벌이 지금 무엇을 하고 있는지 궁금했다. 방 청소를 하거나 꿀을 먹고 있다는 사실을 알았을 때 얼마나 신기했는지 모른다. 바삐 살고 있는 벌을 바라보면서 더 열심히 살아야겠다고 반성하곤 했다.

일벌 중에 밖에서 일하는 벌, 즉 꿀이나 꽃가루, 물 등을 가져오는 벌을 외역벌이라고 한다. 성충이 된 지 20여 일이 지나면 일벌은 약 15일 동안 외역 활동을 한다. 온도가 16~32℃ 사이

봄이면 활짝 피어오르는 앵두꽃 안으로 벌이 머리를 들이밀고 있다.
이 벌은 꽃가루를 그러모으고 꽃꿀을 듬뿍 머금고서 벌통으로 돌아갈 것이다.

일 때 바깥 활동이 적합하며, 꽃을 돌아다니는 속도나 꿀을 따는 양은 꽃의 종류에 따라 다르다. 보통 꽃가루 수집보다 꿀 수집에 시간이 더 걸린다.

일벌은 일반적으로 벌통의 반경 2km 안에 있는 꽃을 찾아간다. 먹이 수집을 할 때는 시속 20~25km, 그 외의 경우에는 시속 14~28km의 속도로 날아다닌다. 초속 6m 이상의 바람이 불면 벌은 정상적인 외역 활동을 할 수 없다.

일벌은 밖에 나가면 한 번에 약 30~50mg의 꽃꿀을 수집한다. 벌이 하루에 외출하는 횟수는 보통 7~13회, 최고 24회다. 하루 최대 3000송이의 꽃을 방문한다. 1kg의 꿀을 저장하기 위해서는 한 마리의 일벌이 2만 번 이상 외출을 해야 한다.

이렇게 바깥에 나갔다가 돌아온 외역벌은 벌통 안에 있는 내역벌에게 꽃꿀을 전달한다. 두 마리의 벌이 뽀뽀하고 있는 모습을 보았다면 그들은 꽃꿀을 전달하는 중이었을지도 모른다. 꽃꿀은 내역벌이 마셨다 뱉었다 하는 과정을 거쳐야 꿀이 되는데, 대략 20여 분 동안 80~90번 이를 반복한다. 그동안 꽃꿀의 수분이 증발하고 벌 몸속에 있던 효소가 합쳐져 다당류가 단당류로 변한다.

가공했다고 해서 끝이 아니다. 꿀은 수분량이 20% 이하가 될 때까지 숙성을 해야 한다. 벌들은 날갯짓을 해서 꿀을 진하게 만든다. 벌방에 꿀이 가득 차면 벌은 밀랍과 꽃가루를 섞어 입구를 덮는다. 이렇게 저장된 벌꿀은 오랫동안 보존이 가능하다.

벌이 살아가려면 꿀뿐 아니라 꽃가루, 즉 화분(花粉)도 필요하다. 꽃가루에는 단백질을 비롯한 각종 미량 원소가 포함돼 있어서 몸을 만들어야 하는 애벌레가 주로 먹는다. 갓 벌방에서 나온 벌이나 월동을 앞둔 벌에게도 고급 영양식이다.

벌은 꽃꿀과 꽃가루를 동시에 수집한다. 일반적으로 꽃꿀을 먼저 수집하고 부수적으로 꽃가루를 수집한다. 하지만 일부 외역벌은 반대로 일하기도 한다. 벌의 몸을 가까이에서 보면 온몸이 털로 뒤덮여 있는데, 꽃 속을 파고들어 꽃가루를 온몸에 묻히기에 매우 좋다.

개인적으로 벌의 가장 사랑스러운 모습을 꼽으라면, 종아리에 무거운 노란색 꽃가루 덩어리를 동그랗게 달고 막 벌통에 착륙했을 때다. 꽃가루가 무거워서인지 착륙할 때 비행기가 흔들리듯 기우뚱거리며 벌통의 출입구인 소문(巢門)에 내려앉는 모습은 참으로 대견하고 귀엽다. 벌의 몸을 설명할 때도 이야기했지만, 벌은 뒷다리의 마디에 꽃가루를 실어 운반한다. 얼굴이나 앞가슴에 묻어 있는 꽃가루는 앞다리로 긁어모으고 머리나 등 또는 가운뎃가슴과 뒷가슴에 있는 꽃가루는 가운뎃다리로 쓸어내린 다음 앞다리의 도움을 받아 뒷다리의 마디로 옮긴다.

벌은 혀와 큰턱을 이용해 꽃가루에 꿀과 침을 첨가하여 이를 눅눅하게 만든다. 수집한 꽃가루는 벌집에 가져와서는 벌방에 보관한다. 이 일은 성충이 된 지 12~18일 정도 된 내역벌이 담당한다. 꽃가루는 애벌레 먹이로 바로 쓰이기 때문에 벌집에 가

벌통 입구에 노란 꽃가루 덩어리를 달고 있는 꿀벌들이 보인다(위).
알록달록한 빛깔의 꽃가루가 촘촘히 벌방을 채우고 있다(아래).

득 차 있는 경우는 드물다. 꽃가루 덩어리의 색은 꽃마다 다른데, 알록달록한 빛깔의 꽃가루로 촘촘하게 채워진 벌집은 화가의 작품처럼 아름답다.

벌은 식물의 눈을 찾아 나무의 진을 수집하기도 한다. 이를 프로폴리스라고 한다. 프로폴리스는 접착력이 좋기 때문에 밀랍과 섞어 벌집을 짓는 데 이용하거나 벌통을 보호하기 위해 필요한 곳에 바른다. 프로폴리스를 섞지 않고 지은 벌집은 저온에서 부서지기 쉽고 수명이 짧다. 동양종 벌은 프로폴리스 없이 밀랍으로만 벌집을 짓는 경우가 많은데, 그래서 벌집이 쉽게 손상된다.

❺ 벌의 언어

꿀벌 공동체가 유지되는 이유는 소통을 잘하기 때문이다. 이들은 우아하게 춤으로 소통을 한다. 벌의 언어를 처음 발견한 이는 1973년 노벨생리학·의학상을 받은 오스트리아의 동물학자 카를 폰 프리슈Karl von Frisch이다. 벌은 먹이가 풍부한 곳의 방향과 거리를 알려주기 위해 또는 분봉을 하기 전 새로운 집터로 물색한 곳을 알리기 위해 춤을 춘다.

벌의 춤에는 원을 그리는 춤과 8자를 그리는 꼬리 춤이 있다. 원을 그리는 춤은 집 밖에서 꿀이나 꽃가루를 수집할 때 춘다. 밀원의 위치를 알리기 위해서인데, 밀원이 벌통에서 100m 이내

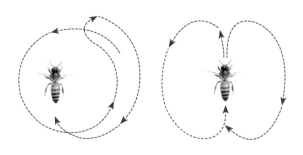

벌은 밀원이 벌통에서 100미터 이내에 있을 때 왼쪽처럼 원을 그리는 춤을, 그 바깥에 밀원이 있을 때 오른쪽처럼 8자를 그리는 춤을 춘다.

일 때 이 춤을 춘다. 오른쪽으로도 추고 왼쪽으로도 춘다.

꼬리 춤은 벌통에서 멀리 떨어진 곳에 밀원이 있을 때 주로 춘다. 만약 꼬리 춤이 위를 향하면 벌통을 기준으로 밀원이 태양 방향에 있다는 뜻이고, 아래를 향하면 밀원이 태양 반대 방향에 있다는 뜻이다. 또한 꼬리 춤을 추는 각도를 이용해서도 밀원의 방향을 지시한다.

밀원까지의 거리는 춤의 횟수와 관련 있다. 꼬리 춤을 출 때 벌은 배를 좌우로 흔들면서 왼쪽으로 반원을 그린다. 이후 앞으로 쭉 나간 후 오른쪽으로 반원을 그린다. 한쪽 원을 그릴 때마다 직선 이동을 하는 것인데, 밀원이 멀리 있을수록 직선운동 횟수가 줄어든다. 예를 들어 밀원이 벌통에서 500m 떨어져 있을 때 직선운동을 하는 횟수가 약 6회라면, 밀원이 2km 떨어져 있을 때는 약 3.5회로 줄어든다는 연구가 있다.

처음에 카를 폰 프리슈는 벌이 꽃향기를 전달하고자 춤을 춘다고 생각했다. 다른 벌들이 춤추는 벌에게 더듬이를 가까이 가져가서 몸에 밴 꽃향기를 감지한다고 추정한 것이다. 그러나 춤추는 벌이 먹이를 찾아다녔던 장소로 곧장 날아가는 다른 벌들을 보고서 그는 춤의 의미를 깨달았다.

카를 폰 프리슈의 제자 마르틴 린다우어 Martin Lindauer는 벌이 먹이를 찾을 때뿐 아니라 새로운 보금자리를 찾을 때도 꼬리 춤을 춘다는 사실을 밝혀냈다. 처음에 벌들은 자신이 발견한 새집 후보지를 가리키며 제각각 다양한 춤을 춘다. 하지만 시간이 지날수록 많은 수의 벌들이 하나의 장소만을 가리킨다. 린다우어는 벌들의 의견이 만장일치에 가깝게 모아질 때 이사할 곳을 결정한다는 연구 결과를 발표했다.

1km 이상 떨어진 산에서 꿀을 따온 나의 벌들은 무슨 춤을 출까. 하루는 벌의 춤을 확인하겠다는 일념으로 한 마리의 벌을 눈으로 좇아본 적이 있다. 하지만 벌의 움직임이 너무 빨라서 알아채지 못했다. 내 눈만 아팠을 뿐이다. 실제로 벌들이 어떻게 춤추는지는 알아보지 못했지만, 그 벌들은 모두 꿀을 잘 따왔다. 나만 빼고 서로 소통하는 법이 있는 것만은 분명했다.

❻ 벌 쏘임 예방법과 대처법

벌이 무섭지 않느냐는 질문을 많이 받았다. 무기 하나 없는 맨몸의 도시인이 침을 가진 벌을 안 무서워할 리 없다. 하지만 처음 만난 사람과 친해지려면 시간이 필요하듯, 벌과 친해지려면 벌을 잘 관찰하고 그의 공격에도 적응해야 한다. 아프지만, 양봉을 한다면 종종 쏘일 수밖에 없다.

작은 벌이지만 쏘이면 많이 아팠다. 가늘고 뾰족한 주삿바늘을 누가 작정하고 살에 꽂아 넣는 느낌이 이럴까. 순간 매우 화가 나지만, 나는 벌의 최후를 본 뒤로 마음을 고쳐먹었다. 녀석은 내 허벅지에 침을 찔러 넣고는 미처 날아가지 못하고 있었다. 청바지에 침이 박혀서인지 녀석은 온몸을 격렬하게 흔들었다. 결국 침과 함께 녀석의 하얀 내장도 딸려 나왔다.

꿀벌은 한 번 침을 쏘면 대개는 이렇게 죽는다. 나는 곧 죽을 벌을 집어 들고서 이렇게 혼잣말을 했다. '네 목숨을 버릴 만큼 내가 미웠구나. 미안해.' 벌을 계속 만나려면 양봉가가 참아야 한다. 세상의 모든 사랑은 평등하지 않은 법이니까.

벌침 액은 0.3mg으로 그 양이 적지만 사람 몸에 들어오면 다양한 반응을 일으킨다. 내 몸도 다양하게 반응했다. 한 번은 아무 증상 없이 지나갔다. 또 한 번은 불주사를 맞은 양 볼록한 상처가 남았다. 버틸 만하다고 생각해 아무 처치를 하지 않고 안심했는데 그게 실수였다. 왼쪽 다리 전체가 코끼리 다리만큼 붓고 빨개져서 스테로이드제 주사를 맞고 이틀치 약을 먹고야 나은 적도 있다. 농촌진흥청 국립농업과학원 한상미 박사는 "벌침 액의 여러 성분이 몸에서 면역반응을 일으키는데 벌침 액의 양, 벌에 쏘인 사람의 몸 상태에 따라 다른 반응을 보일 수 있다"라고 설명했다.

믿기 어렵겠지만, 벌은 사람이 먼저 귀찮게 하지 않으면 쏘지 않는 성격이다. 벚나무 잎 위에서, 코스모스 핀 길가에서 마주친 벌을 기억해보라. 그들은 인간에게 관심이 없다. 하지만 양봉에 관심 있다면 용감하게 벌의 세계 깊숙이 들어가야 하니 언제든 벌에 쏘일 수 있다는 마음의 준비를 해야 한다.

벌에 쏘이지 않으려면 벌을 자극하지 않는 것이 중요하다. 벌이 나는 소리를 들으면 벌의 기분을 알 수 있다. 귀에 거슬리지 않는 속도와 리듬의 웅웅거림은, 꽃이 많이 피어 벌이 열심히 꿀을 모으느라 바쁜 5~6월에 자주 들을 수 있다. 배가 부르면 사람의 기분이 좋아지듯 벌도 차분해진다.

하지만 벌을 자극하는 상황이 벌어지면 양봉장을 울리는 소리부터 달라진다. 벌이 웅웅거리는 소리는 날개에 모터를 단 듯 크고 빠르다. "나 오늘 기분 안 좋아요. 건들지 마세요. 나 침 있는 거 알죠?"라고 말을 건네오는 벌들에게 "그래도 네 집 안을 좀 살펴봐도 되겠니?"라고 말을 걸기란 쉽지 않다. 그런 날은 주의해야 한다. 얼굴, 머리, 손, 몸 위아래 등을 부위별로 가릴 수 있는 방충복이 있으니 이를 갖춰 입는 것이 좋다.

그러고도 벌에 쏘여본 적이 있다. 특히 자주 쏘였던 곳은 방충복이 완전히 보호하지 못하는 손목과 발목이었다. 그럴 때마다 벌이 나보다 훨씬 똑똑하다는 생각을 하며 아픔을 참았다.

또한 벌은 방충복에 붙어 있는 경우가 많은데, 이를 잘 털어

내지 않고 방충복을 벗을 때도 곧잘 쏘였다. 이때는 머리 부분을 공격당하기 쉽다. 환경부는 무방비 상태에서 벌이 공격해올 때는 머리를 손으로 감싸고 벌에게서 20m 이상 도망칠 것을 권하고 있다. 벌은 검정색을 비롯한 어두운 색, 그리고 아래보다는 위를 공격하는 편이기 때문에 머리가 가장 공격에 취약한 부위다. 천적인 곰의 몸이 어두운 색이어서 그런 빛깔에 예민하게 진화했다는 가설도 있다. 양봉장에 갈 때면 나는 밝은색 옷을 입었고 무향 샴푸를 썼으며 향수를 뿌리지 않았다.

벌에 쏘이지 않게 조심하는 것이 가장 좋겠지만 만약 쏘였다면 침의 독이 빨리 퍼지지 않게 조치해주는 게 좋다. 먼저 살에 박힌 벌의 침을 뽑고, 벌레 물렸을 때 바르는 약을 발라 진정시킨다. 침을 뽑을 때는 살 속에 박힌 침을 모두 뽑아내야 한다. 흐르는 물이나 얼음으로 열을 식혀주는 것도 좋다. 그래도 부어오르거나 통증이 심하면 병원에 가서 치료를 받아야 한다.

벌은 우리가 잘 알고 있는 꿀벌, 말벌뿐 아니라 식물의 잎이나 줄기를 먹고 사는 잎벌, 기생벌 등 종류가 다양하다. 양봉과 관련해서는 보통 동양종과 서양종으로 벌을 구분한다.

통상적으로 양봉에 쓰이는 벌은 서양종으로, 학명은 아피스 멜리페라apis mellifera다. 한국에서 흔히 볼 수 있는 서양종은 몸에 노랗고 까만 줄무늬가 있는 손톱 크기의 벌로, 이탈리아의 리구리아 주가 원산지여서 이탈리안 벌, 리구리아 벌이라고 부른다. 서아시아, 중동, 아프리카, 유럽에 주로 살았지만 지금은 전 세계의 온대와 열대 지역에서 볼 수 있다.

이탈리안 벌은 이른 봄부터 늦가을까지 쉬지 않고 알을 낳으며, 일벌의 혀 길이는 6.3mm 정도로 긴 편이다. 혀가 길면 그만큼 꽃꿀을 모으는 데 유리하다. 이탈리안 벌은 꽃꿀이 생산되는 유밀기

왼쪽은 카니올란 벌. 오른쪽은 코카시안 벌. 한국에 자리 잡은 이탈리안 벌과 함께 양봉에 적합한 표준벌인데. 이탈리안 벌과는 생김새와 빛깔이 다르다.

에 일하기 적합해 꿀 생산성이 좋다. 하지만 겨울이 짧고 따뜻하며 습한 지중해 지방이 고향인지라 추운 지방에서는 월동하기가 쉽지 않다. 그래서 한국의 혹독한 겨울을 이겨내기 힘들어한다. 또 꿀이 없는 무밀기에 다른 벌들이 벌통 안에 들어와 꿀을 훔쳐가는 도봉 盜蜂이 발생하기 쉽고, 방위 감각이 둔한 편이라고 한다.

우수한 형질과 환경에 대한 뛰어난 적응성, 먹이 관리에 적합한 특성을 갖추고 있는 서양종 꿀벌을 표준벌이라고 하는데, 이탈리안 벌과 함께 동유럽종인 카니올란 벌과 코카시안 벌이 여기에 속한다. 이탈리안 벌이 황색 계통이라면 카니올란 벌과 코카시안 벌은 흑색 계통이다.

카니올란 벌은 짧고 빽빽한 털이 몸을 덮고 있으며 배와 등에 갈색 점이 있다. 배의 폭이 넓은 게 특징이다. 일벌의 몸 색깔이 흑회색이라 회색벌이라고 불린다. 여왕벌은 흑갈색이고, 수벌은 흑색이다. 오스트리아 남부와 유고슬라비아 북부 지역이 원산지다.

코카시안 벌은 카니올란 벌과 비슷하게 생겼지만 더 짙은 회갈

색을 띤다. 수벌의 가슴 털은 검정색이며, 일벌은 흑회색과 노란색 털이 섞여 있기도 해 털 빛깔로는 카니올란 벌과 구분하기 어렵다. 카니올란 벌보다 몸집이 약간 작고 배의 검정 부분이 더 짙으며 이탈리안 벌처럼 몸이 가늘고 길다. 일벌의 혀 길이가 7.2mm로 표준벌 중에는 가장 혀가 길다.

동양종 벌의 학명은 아피스 케라나^{apis cerana}이며 인도, 히말라야, 중국, 일본 계통 등으로 분류된다. 한국 토종벌의 경우 그간 지리적으로 가까운 중국 혈통으로 취급되어왔는데, 2018년 인천대 권형욱 교수 연구팀이 미토콘드리아 유전 정보 분석을 통해 한국 토종벌이 다른 동양종 벌들에서 독립적인 혈통으로 분화되었다는 사실을 밝혀냈다. 한국 토종 여왕벌과 수벌은 진한 흑색을 띤다. 일벌은 서양종에 비해 몸집이 작고 몸 전체가 흑회색이다. 배의 마디에 흰색 털 띠가 있고 머리와 가슴에 가늘고 작은 털이 빽빽이 나 있다.

지역별로 벌의 특징이 다르긴 하지만, 일반적으로 동양종 벌들은 성격이 온순하다. 그러나 후계 여왕벌 양성에 소극적이며 하나의 벌무리를 이루는 벌의 수도 서양종보다 적다. 그만큼 꿀을 모으는 일벌의 수도 적다. 외적에 대한 방어력이 약해 쉽게 벌집을 버리고 도망가기도 한다. 또한 동양종은 서양종과 달리 순전히 밀랍으로만 벌집을 짓기 때문에 벌집이 파손되기 쉽다. 꽃이 많이 피는 시기에 집중적으로 꿀을 모으는 능력도 떨어진다. 그래서 벌무리당 벌꿀 생산량이 서양종에 비해 낮은 편이다. 꿀이 귀해지는 가을철에는 도봉을 막지 못할 수도 있다.

그럼에도 동양종은 그들만의 능력이 있다. 혹독한 겨울 추위를 잘 버텨내며, 에너지 소모도 적어 꿀을 많이 먹지 않기 때문에 적은 양의 먹이만으로도 겨울을 잘 난다. 서양종이 취약한 전염병인 부저병이나 백묵병에 잘 걸리지 않으며, 진드기 기생률도 낮다.

한국 토종벌은 야생성이 강하고 주로 산에 살기 때문에 도시에서는 거의 찾아보기가 힘들다. 2009년부터 토종벌을 집단 폐사로 몰아넣은 낭충봉아부패병이 발생하면서 토종벌의 75% 이상이 피해를 입었고 사육 벌무리 수도 이전의 10%로 줄어들었다. 토종벌이 사라진다면 야생에 자생하는 식물의 수분이 불가능해져 이들 식물의 멸종을 부를 수 있다. 또한 말벌 같은 육식성 곤충과 새로 이어지는 먹이사슬에 균열이 생길 수도 있다.

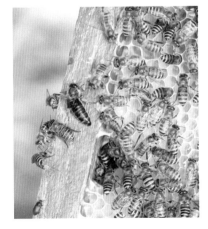

동양종 꿀벌의 모습. 서양종 꿀벌과는 겉보기로도 확연하게 구분된다. 많은 일벌들 가운데서 몸집이 크고 빨간색 표지가 붙어 있는 것이 여왕벌이다. ©
Martin Ziegler

벌통 안을 세심히 들여다봅니다

기온이 오르고 푸름이 더해질수록 양봉장에 가는 기쁨은 커져
만 갔다. 처음에는 매주 한 번 교외로, 호텔 옥상으로 가는 게
이색적인 나들이여서 좋았다. 그런데 시간이 지날수록 그보다는
한 주 동안 벌들이 무탈하게 잘 지냈는지, 꿀은 많이 모았는지,
여왕벌이 알을 얼마나 낳았는지가 궁금했다. 평일에 비라도 내
리면 꽃구경을 못 나간 벌들이 집 안에서 얌전히 쉬고 있을 거
란 생각에 나도 마음이 차분해졌다.

내검은 양봉의 모든 걸 의미한다. 벌통 내부를 검사하고 관
리할 때마다 벌통 안에서 벌어진 변화가 경이로웠다. 일주일 만
에 여러 소비를 꿀과 꽃가루, 애벌레로 가득 채운 벌들이 위대해

사람이 건강을 살피기 위해 정기검진을 받듯 벌통은 일주일에 한 번 내검을 해주어야 한다.
벌통 안에 있던 소비를 꺼내 살펴보면 한 주 동안 벌들이 어떻게 지냈는지 유추해볼 수 있다.

보였다. 사람들이 왜 양봉을 하느냐고 물을 때면 한층 목소리를 높여 나의 벌들이 얼마나 귀엽고 신기한지, 꿀을 얼마나 모았는지 신이 나서 말하곤 했다.

내검은 복습과 예습이 중요했다. 크게 볼 때는 여왕벌이 알을 잘 낳고 일벌이 꿀을 잘 모을 수 있도록 벌통을 살피는 일이다. 지난주와 이번 주의 상태를 비교하는 게 중요했다. 꿀이 얼마나 늘었고 산란을 얼마나 잘했는지를 확인하면 벌통의 건강 상태를 대략 알 수 있다. 또한 병충해는 없는지, 꿀이나 애벌레가 들어차는 속도를 고려했을 때 빈 벌집틀이 더 필요하지는 않은지, 다가오는 날씨 변화에는 어떻게 대비할 건지 등을 감안하고 기록해야 했다.

내검은 일주일에 한 번 정도 하는 게 적당하다. 너무 자주하면 벌들이 스트레스를 받기 때문이다. 잘 살고 있는 남의 집 문을 벌컥 열어젖히고 방 이곳저곳을 살피는데 기분 상하지 않을 집주인은 없다. 하지만 그런 원칙을 지킨다고 해서 언제나 성과가 좋은 것은 아니다. 예외가 있다는 뜻이다. 은평 양봉장에서 공동 양봉을 하는데 벌통 관리를 자주 안 한 동료의 벌통 상태가 가장 좋아서 더 자주 들여다보고 신경 썼던 동료들이 허탈해한 적이 있다.

내검할 때는 차분히 벌통을 다뤄야 한다. 손톱만큼 작을지라도 살아 있는 생명을 다룰 때는 조심해야 한다. 우선 벌통 옆에 서서 천천히 벌통 뚜껑을 열었다. 그럴 때면 항상 벌통 안의 열

뚜껑을 열고 천을 벗긴 뒤 위에서 바라본 벌통의 모습.
바지런한 벌들이 소비 틈새에 프로폴리스를 발라놓으니 칼로 각각의 소비를 떼어내야 한다.

기가 훅 하고 얼굴 앞까지 올라왔다. 벌들의 출입문을 막지 않는 곳에 뚜껑을 세워둔 뒤 벌통을 덮어놓은 천을 벗기고 하나씩 소비를 꺼냈다. 벌들이 흥분해 날아오른다면 억지로 소비를 꺼내려 하지 않고 훈연기로 퐁퐁 연기를 피워 벌들을 진정시켰다. 벌들은 연기가 나면 벌통이 위험하다고 생각해 꿀을 먹으러 벌통 안으로 들어가기 때문에 사람을 공격하지 않는다.

벌통 안에는 책장에 꽂힌 책처럼 소비가 나란히 늘어서 있다. 이 소비의 틈새에는 프로폴리스가 발려 있으니 소비를 한 장씩 떼어내려면 내검 칼을 이용해야 한다. 꿀이 든 소비와 애벌레가 있는 소비, 비어 있는 소비는 들어 올릴 때부터 무게로 구분할 수 있다. 꿀이 꽉 들어차 벌방을 봉해놓기까지 한 소비를 들어

올릴 때는 있는 힘을 다해야 했다. 벌통 하나에는 8~10장의 소비가 들어가는데, 벌통에 소비가 가득 차 있으면 한 장을 빼서 잠시 벌통 옆에 놓은 뒤 내검을 하는 게 편했다.

양봉장에 갈 때마다 벌들의 다양한 모습을 통해 일주일 동안 있었던 일을 추측할 수 있었다. 기대한 것보다 더 많은 양의 꿀을 모아두기도 했고 갑자기 벌의 수가 줄어든 때도 있었다. 건강히 잘 살고 있다는 걸 확인했을 때 안도감과 뿌듯함을 느꼈다면, 벌들의 움직임이 둔하고 소비가 텅 비어 있을 때면 내가 잘못한 것은 없는지 반성했다.

대부분의 경우 벌들은 내가 다녀가든 말든 알아서 맡은 일을 잘했다. 유전자에 이미 일생 동안 할 일이 쓰여 있기 때문일 것이다. 벌이 다 차려놓은 밥상에 양봉가는 숟가락만 올린다고 해도 틀린 말이 아니었다. 내검할 때마다 벌들에게 고마웠고 벌들이 자랑스러웠다.

❶ 여왕벌 확인

함께 벌을 쳤던 사람 중에는 전업 양봉가를 꿈꾸는 이들이 있었다. 가족이 있는 뉴질랜드로 가서 양봉을 할 계획이라던 30대 초반의 젊은 남성도 그랬다. 그의 벌통은 우리 벌통의 옆집이었는데 서로의 벌통을 대신 챙겨주곤 했다.

그런데 그의 벌통에서는 종종 여왕벌이 사라졌다. 여왕벌 실종의 이유는 누구도 정확히 알지 못했다. 벌통 안에 카메라를 달아놓는다 해도 수만 마리의 벌들 사이에서 여왕벌에게 무슨 일이 일어났는지 파악할 순 없을 것이다. 새로운 여왕벌이라면 혼인비행 과정에서 새에게 먹혔거나 사고를 당했을 수도 있다. 산란율이 떨어진 여왕벌이라면 더 이상 가치가 없다며 일벌이 공격해 제거했을지도 모른다. 여왕벌이 없으면 산란이 일어나지 않으므로 벌통을 그대로 둘 수 없었다. 내검할 때 가장 중요한 숙제는 여왕벌의 안부를 확인하고 잘 산란하고 있는지 확인하는 것이었다.

벌통에서 여왕벌을 찾는 일은 생각보다 어려웠다. 그 벌이 그 벌 같은데다 모두 쉬지 않고 꼬물거리기 때문에 눈이 쉽게 피로해졌다. 그런데 벌의 스트레스를 줄이려면 최대한 빨리 내검을 마쳐야 했다. 여왕벌을 찾느라 소비를 한 장 한 장 들여다보다 보면 내가 벌이라도 남의 집을 샅샅이 뒤지는 침입자를 미워할 수밖에 없겠다는 생각이 들곤 했다.

그래서 처음 벌통을 설치하고 벌이 입주할 때 하는 일이 있다. 여왕벌을 발견하면 등에다가 눈에 잘 띄는 색깔의 물감이나 펜으로 점을 찍는 것이다. 여왕벌이 다치지 않게 아주 살짝 점을 찍어줘야 하는데, 이게 생각보다 어려웠다. 벌이 쉬지 않고 계속 움직이기 때문에 등이 아닌 배나 몸통, 머리에 점을 찍을 수도 있고, 힘 조절을 잘못하면 여왕벌이 다칠 수 있었다. 나는 눈을 크게 뜨고 여왕벌을 찾아내 겨우 점을 찍었다.

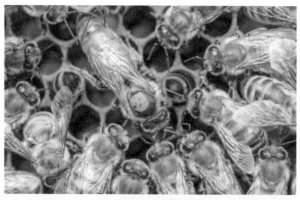

여왕벌은 다른 벌보다 확연히 크지만, 떼 지어 있을 때 식별하기 위해 등에 색을 칠해둔다(위).
바나나처럼 생긴, 알로 태어난 지 사나흘 된 애벌레들이 벌방에 들어차 있다(아래). © Waugsberg

그렇게 표시해두었는데도 여왕벌을 찾지 못할 때는 여왕벌이 있을 만한 곳을 수색해야 한다. 벌통 중앙에 있는 소비를 집중적으로 살폈다. 여러 장의 소비가 있다면 여왕벌은 가운데 소비에 머물 확률이 높았다. 자신의 페로몬을 고르게 널리 퍼뜨리기 위해 중앙에 머무는 게 아닐까 싶었다.

여왕벌이 절대 보이지 않는 날도 있었다. 그럴 때 초조해져선 안 된다. 벌을 계속 괴롭히지 말고 포기해야 한다. 그 대신 알을 통해 여왕벌의 생사를 확인했다. 알의 크기나 모양을 보고 며칠 된 알인지 추정해 간접적으로나마 여왕벌의 생사 유무를 파악하는 것이다. 알이 전혀 발견되지 않는다면 여왕벌은 죽었다고 봐야 한다. 내 벌통에서도 한 번 여왕벌이 사라진 적이 있는데, 그때 벌통에는 알을 낳은 흔적이 전혀 없었고 꿀의 양도 그전 주와 달라진 게 없었다.

여왕벌은 육각형 벌방 하나에 알을 하나씩 낳는다. 이렇게 태어난 일벌은 알에서 성충이 되기까지 21일이 걸린다. 약 3일째 알의 모양은 바나나처럼 하얗고 투명하다. 6일이 지나면 방을 꽉 채운 통통한 애벌레로 자란다. 9일째에는 벌방 문이 닫히고, 그 후 12일이 지나야 비로소 안에 있던 번데기가 예쁜 벌이 된다. 애벌레방이 많은 소비를 들여다보다 보면, 이따금 성충으로의 삶을 시작하는 벌들이 벌방 문을 찢고 날아가는 순간을 목격할 수 있다. 작은 육각형 방 안에 몸을 말고 들어 있던 하얀 애벌레가 전혀 다른 모습의 벌이 된다는 사실은 언제 봐도 신기하다.

소비에 산란의 흔적이 있고, 특히 아직 애벌레가 되지 않은 알이 있다면 여왕벌이 최근까지 벌통 안에 있었다고 보면 된다. 산란 흔적이 전혀 없다면 비상 상황이니 여왕벌을 새로 넣거나 이 벌통을 여왕벌이 건재한 다른 벌통과 합쳐야 한다. 여왕벌이 사라졌거나 벌무리의 세력이 지나치게 약할 때 두 개 이상의 벌통을 하나로 합쳐주는데, 이를 '합봉'合蜂이라고 한다. 나의 벌통도, 옆집 청년의 벌통도 여왕벌이 있는 다른 벌통과 합봉을 해야 했다.

한국에 사는 벌들은 주요 밀원식물인 아까시나무의 꽃이 피는 늦봄부터 열심히 꿀을 모은다. 그때까지 여왕벌이 알을 잘 낳아야지만 벌무리의 세력이 커진다. 벌의 수가 늘면 당연히 꿀도 많이 따올 수 있기 때문에 여왕벌은 봄과 여름에 산란에 집중해야 한다. 물론 양봉가는 이에 발맞춰 여왕벌이 알을 잘 낳도록 유도해야 할 것이다.

❷ 벌의 먹이 관리

벌은 뭘 먹고 그렇게 열심히 일하는 걸까. 부끄러운 말이지만, 나는 양봉을 하기 전까지 벌의 먹이가 꿀을 포함한 당분이라는 사실을 몰랐다. 벌은 자신이 먹을 음식을 만들기 위해 그렇게 열심히 일하는 것이었다. 그 사실을 알고 난 후 꿀을 먹을 때 벌들에게 미안하지 않았다면 거짓말이다. 양봉가는 힘들게 일하는 벌들이 먹이를 마음껏 먹을 수 있도록 수확에 욕심부리지 않아야 한다.

내검할 때는 다음 내검 전까지 벌통 안에 꿀과 꽃가루가 적당히 남아 있는지를 확인했다. 벌들이 알아서 꽃꿀을 구하기 쉽지 않은 계절이나 장마철에는 신경 써서 충분하게 먹이를 남겨두려고 했다. 벌통에 꿀이 남아 있지 않으면 벌이 주변 사탕 공장이나 초콜릿 공장에서 설탕물을 먹고 돌아와 그것으로 벌꿀을 만들기도 한다니 주의해야 한다.

아직 꿀이 들어오지 않는 이른 봄에는 꿀이 찬 소비 3~4장을 벌통에 넣어두었다. 꽃이 피고 꿀이 들어오는 봄과 여름에는 장마철을 제외하곤 먹이 걱정을 크게 안 해도 되기 때문에 따로 꿀이 든 소비를 넣어주지 않아도 된다.

꽃가루는 단백질원으로 애벌레의 성장에 도움을 준다. 벌에게 꿀만 먹으라는 건 사람에게 흰밥만 먹으라는 말과 같다. 애벌레 방이 많을 때면 꽃가루가 충분한지 반드시 확인했다. 사람도 골격이 형성되는 청소년기에 단백질이 부족하면 발육에 지장이 생기듯, 여왕벌이 산란을 많이 하는 봄철에는 꽃가루가 더 많이 필요했다.

꿀이 부족할 때 꿀이 찬 소비를 넣어주듯이, 꽃가루가 부족한 시기에는 시중에 파는 일명 '화분떡'을 구해 벌통 안에 넣어두었다. 화분떡은 꽃가루와 설탕, 비타민, 효모 등을 반죽해 떡처럼 만든 것으로 벌에게 제공하는 영양식이다. 일벌이 다리에 꽃

가루 덩어리를 매달고 돌아오는 5월이 오기 전이나 겨울로 넘어
가는 10월 이후에 화분떡이 유용하게 쓰였다. 7~10일 간격으로
1~2kg씩 3~4번 공급하는 것이 좋다고 한다.

❸ 수벌 양성과 제거

벌무리는 필요에 따라 수벌의 수를 조절할 수 있다. 이들의 흐
름에 맞추어 나도 수벌의 탄생과 죽음을 돕는 데 일조했다.

일벌과 여왕벌은 태어날 때는 똑같지만 로열젤리를 먹는지
꿀을 먹는지에 따라 운명이 달라진다. 반면에 수벌은 태어날 때
부터 운명이 정해져 있다. 여왕벌은 일벌이 열심히 만들어둔 벌
방에 하나씩 알을 낳는데, 앞발로 방 크기를 재서 크기가 큰 방
에는 무정란을 낳고 작은 방에는 유정란을 낳는다. 이후에 무정
란은 수벌이 되고 유정란은 일벌이 된다. 이 사실을 알고 나면
여왕벌은 일벌이 그려놓은 큰 그림을 그대로 실행하는 수행자
처럼 보이기도 한다.

여왕벌이 안정적으로 산란할 때는 벌통 안에 수벌방이 크게
늘지 않는다. 하지만 때에 따라 일벌은 수벌방을 많이 만든다.
사실 수벌은 벌통에서 꿀만 축내는 존재이기 때문에 그 수가 많
아지면 그만큼 꿀을 더 열심히 따와야 한다. 이런 출혈을 감당
할 수 있을 때 또는 벌무리에게 수벌의 능력이 꼭 필요할 때 일
벌은 수벌방을 많이 만든다. 이때는 벌들의 영양 섭취를 위해 내

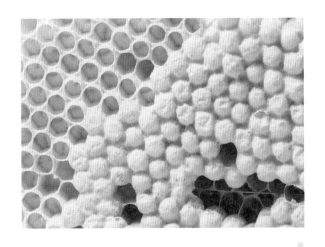

뽁뽁이처럼 밖으로 볼록 튀어나온 것으로 봐서 이는 수벌방이다.
조만간 덮개를 뚫고 성체가 된 수벌이 얼굴을 내밀 것이다.

검을 하면서 설탕물이나 화분떡을 추가로 넣어주는 게 좋다.

벌통에 새 여왕벌이 등극할 때는 수벌이 많을수록 좋다. 여왕벌은 성충이 되고서 약 7일 후 혼인비행을 하러 나가는데, 비행에 참여하는 수벌은 보통 성충이 된 지 12일 이후의 개체다. 알로 태어난 수벌이 성충이 되는 데 24일이 걸리니 여왕벌은 혼인비행 날보다 최소한 36일 이전에 수벌 알을 많이 낳아야 한다. 수벌이 유전적으로 다양할수록 여왕벌이 낳는 일벌이 건강하기 때문에 이 시기에는 수벌이 눈칫밥을 먹지 않아도 된다.

또 다른 수벌의 용도는 진드기를 유인하는 것이다. 꿀벌과 애벌레에 기생하며 지방체를 빨아먹는 진드기는 벌을 칠 때 주의해야 할 대상인데, 수벌방에 잘 산다. 그러니 이 방들을 제거하면 진드기를 몰아서 없앨 수 있다.

고백을 하나 하자면 나는 수벌과 친하지 않았다. 솔직히 수벌의 외모가 마음에 들지 않았다. 배가 길쭉하고 날씬한 여왕벌이나 작지만 귀여운 일벌과 달리 수벌은 눈과 배가 모두 검고 크다. 꼭 파리처럼 생겼다고 할까. 뽁뽁이처럼 볼록하게 나온 수벌방은 콕 터트리고 싶게 생겼다. 그래서 평소에 나는 내검할 때마다 진드기가 잘 생길지도 모른다는 이유로 수벌방을 발견하면 칼로 콕콕 터트렸다. 하얗고 투명한 애벌레가 방 밖으로 밀려나와 생을 마감하는 것을 지켜보았다.

그래서인지 나의 벌통은 상대적으로 진드기 피해가 적었다. 진드기 피해를 예방하려고 친환경 제재인 옥살산을 흘려주는 처리도 잘하려 했지만, 무엇보다도 깔끔하게 수벌의 수를 조절한 덕분이라고 생각한다. 이런 나를 보고 누군가는 "양봉하러 다닌다더니 살생하러 다녔구나!"라고 탄식했다. 지금 생각해보니 태어나지도 못한 수벌에게 미안한 마음이 조금은 든다.

❹ 질병과 천적 대처법

국내 토종벌의 전멸을 염려할 정도로 강력했던 낭충봉아부패병은 아직 뚜렷한 치료법이 없다. 2009년 전국적으로 발병해 토종벌의 75% 이상이 폐사했다. 바이러스가 벌집 안 애벌레의 소화기관에 침투해 결국 애벌레가 자라지 못하고 죽는 병으로, 감염

된 벌은 7일 안에 죽는다. 벌통 하나가 감염되면 옆 농가의 벌통까지 소각해야 할 만큼 전염성이 강하다. 구제역이나 조류독감에 걸린 소, 돼지, 닭을 살처분하듯 벌통째 불태워야 한다. 이병이 돈 이후 전국의 토종벌 농가 수는 급감했다.

그로부터 10년 가까이 지난 2018년 농촌진흥청은 낭충봉아부패병에 강한 토종벌 품종을 개발하는 데 성공했다. 2009년 강진, 구미 등 10개 지역에서 토종벌을 수집한 뒤 인공적으로 바이러스에 감염시켜 살아남은 개체를 번식시켰다. 그 가운데서 저항성이 뛰어난 모계 계통과 번식 능력이 뛰어난 부계 계통을 하나씩 선발해 새 품종을 육성했다. 7~8년에 걸쳐 10세대 이상을 유지한 결과 병에 대한 저항성을 확인했다. 새 품종의 벌꿀 생산량은 낭충봉아부패병이 발생하기 전과 같은 수준이다.

농촌진흥청은 이렇게 만들어낸 토종벌 품종을 2019년 7월부터 농가에 보급한다. 병에 걸린 개체와 교미할 경우 저항성이 떨어지기는 하지만 그래도 개량된 품종이라 일반 토종벌보다는 낫다는 게 농촌진흥청의 설명이다.

전염병은 계절을 가리지 않고 찾아온다. 그러나 벌이 일하느라 바쁜 봄과 여름에는 아플 겨를도 없이 무탈하게 시간이 흘러갔다. 벌무리의 힘이 강하기 때문에 전염병도 잘 이겨낸 것이리라. 그러나 꽃이 피지 않아 꿀이 들어오지 않는 장마철이나 가을 이후에는 전염병을 조심해야 한다. 양봉가는 내검 때마다 벌의 질병 유무를 반드시 꼼꼼하게 살펴야 한다.

한 해 양봉을 시작하기에는 아직 이른 봄, 상도동 핸드픽트호텔의 옥상 양봉장에 놀러 갔을 때 노제마병에 걸린 벌통을 보았다. 알싸한 겨울을 버텨낸 벌들이 대견했지만 그게 전부는 아니었다. 벌통을 열어보니 여기저기에 붓으로 갈색 물감을 뿌린 듯한 점들이 묻어 있었다. 노제마병에 걸린 벌들은 이렇게 설사를 한다.

"이걸 어떻게 하죠?"

"전부 소각해야죠."

함께 벌통을 나르던 선배 양봉가가 따뜻한 말투로 냉정하게 말했다. 전염병은 안 걸리게 예방하는 게 가장 좋고, 초기에 발견했다면 병든 부분을 빨리 제거해야 하며, 넓게 번졌다면 살아 있는 벌이라도 모두 없애는 수밖에 없다. 안타깝게도 다른 벌통에 병을 옮기기 전에 이 벌통을 서둘러 소각해야 했다. 벌통과 병든 벌들은 그렇게 빨간 불길 속으로 사라졌다.

호텔 벌이 걸린 노제마병은 병을 일으키는 포자가 벌의 위에 들어가 증식하는 병이다. 건강한 벌의 위장은 담갈색인데 노제마병에 걸린 벌의 위장은 유백색이고 부풀어 있다. 위장 안에 있던 일부 포자가 배설물과 함께 밖으로 나와 다른 꿀벌에게 병을 옮긴다. 평소에 노란 똥을 싸던 벌이 지저분하게 갈색 똥을 싸두었다면 노제마병을 의심해야 한다. 노제마병에 걸린 벌은 행동이 둔해져 날지 못하고 벌통 앞을 느릿느릿 기어 다닌다. 한국에서는 이른 봄에 가장 많이 발생하고 꿀을 모으는 시기부터는 잠시 잠잠해진다. 그리고 다시 가을과 겨울에 늘어난다.

애벌레를 노리는 대표적인 병으로는 부저병과 백묵병이 있다. 부저병 균이 애벌레에 침투하면 흰색이던 애벌레가 갈색으로 변하면서 물러 터지고 시큼한 냄새가 난다. 유럽 부저병과 미국 부저병이 있는데, 서로 원인균은 다르지만 증상이나 전염 경로는 비슷하다.

부저병이 애벌레가 물러 터져 죽는 병이라면, 백묵병은 애벌레가 딱딱하게 굳어 죽는 병이다. 백묵병은 먹이와 함께 몸속으로 들어간 곰팡이가 장에서 균으로 자라며 포자를 만든다. 애벌레는 원래 젤리처럼 말랑말랑하지만 점차 체액이 말라 백묵처럼 딱딱하게 굳어 죽는다. 주로 수벌 애벌레가 잘 걸리며, 백묵병에 걸려 죽은 애벌레의 사체는 늦봄이나 초여름에 흔히 볼 수 있다.

여름에는 꿀벌부채명나방이 기승을 부린다. 이 나방이 발견되면 벌통을 밀폐한 뒤 철저하게 훈증 소독을 해야 한다. 또한 눈에 보이는 나방 애벌레를 찾아 없애야 안심할 수 있다. 꿀벌부채명나방뿐 아니라 왕잠자리, 말벌, 개미, 개구리, 두꺼비 등도 벌통을 노리는 동물들이니 이로 인한 피해가 없도록 신경 써야 한다.

살충제 피해는 봄부터 가을까지 항상 대비해야 한다. 특히 여름으로 갈수록 살충제 살포가 잦아지기 때문에 주변에 논밭이 있다면 상황을 잘 살펴야 한다. 5~6월에는 산림청에서 전국의

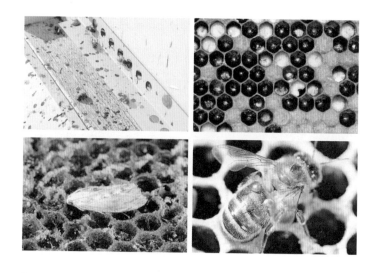

윗줄 왼쪽부터 시계 방향으로 ① 지저분한 갈색 똥은 벌들이 노제마병에 걸렸다는 증거다.
② 튼튼한 애벌레는 바나나처럼 하얗고 투명하지만 부저병에 걸린 애벌레는 갈색으로 변한다.
③ 꿀벌의 등에 갈색 배낭처럼 달려 있는 게 진드기인데 벌과 애벌레에 기생한다.
④ 꿀벌부채명나방은 꿀벌의 천적으로, 발견되면 벌통을 밀폐한 뒤 훈증 소독을 해주어야 한다.

살충제 살포 현황을 미리 알려주는데, 이러한 정보를 챙기는 것
이 좋다. 벌에게 치명적인 성분이 살충제에 들어 있을 수 있으니
살포가 예상되면 벌통에 먹이 삼을 만한 것을 넉넉하게 갖춰주
어서 벌들이 바깥 출입을 자제하게 하는 게 좋다.

　이제까지 설명한 전염병과 천적도 무섭지만, 벌을 치는 것은
진드기와의 전쟁이라 해도 과언이 아니다. 진드기는 상시적으로
제거해야 한다. 봄에 벌을 깨울 때, 장마가 시작되기 전, 그리고
겨울을 앞두고는 따로 진드기 방제를 했다. 진드기는 벌이나 애

벌레의 몸에 붙어서 이빨로 몸속 지방체를 빨아먹는 끔찍한 해충이다. 원래는 동양종 벌에 기생했는데 1976년 유럽에 상륙한 뒤 1987년 미국에까지 번졌다. 미국에서는 진드기가 번진 이후 10년 동안 직업 양봉가의 25%가 양봉을 접었다고 하니 이 해충이 얼마나 무서운 재앙이었는지 알 수 있다.

진드기는 벌을 약하게 만들어 벌집이 붕괴되도록 체계적이고 주도적으로 활동한다. 맨 처음의 집중 공격은 애벌레방에서 시작된다. 진드기는 애벌레방 안에 있는 로열젤리 창고에서 번식하다가 방이 밀봉되면 그 안에서 자라는 애벌레의 지방체를 빨아먹으며 영양분을 얻는다. 그러다가 애벌레가 성충이 되어 밖으로 나올 때 같이 나오면서 벌통 전체로 퍼져 나간다.

진드기에게 물리면 그 상처 구멍으로 세균과 곰팡이, 바이러스가 들어온다. 상처 입은 애벌레는 벌이 된다고 해도 제대로 자라지 못하고 죽는다. 특히 일벌의 머리에 있는 하인두선이 제대로 발달되지 않아 벌무리는 다음 세대를 키울 먹이인 로열젤리 생성에 차질을 빚는다. 결국 진드기 피해를 입은 벌통은 다음 세대를 양육하기 어려워지면서 전염병에 취약해지고 도봉을 겪기도 한다. 벌무리의 규모가 큰 여름에는 진드기 피해를 이겨 낸다고 해도 겨울잠을 자며 오랜 시간을 버텨야 하는 겨울에 진드기는 벌이 이기기 힘든 적이다.

질병을 예방하려면 피해를 입은 벌통에서 썼던 기구를 다른 벌통에서 사용해선 안 되고, 오염된 꿀을 먹이로 재사용해서도 안 된다. 장마철에는 벌통의 습도를 관리해 벌의 감염 가능성을 줄여야 한다.

모든 농사가 그렇듯이 살충제를 뿌리면 내성이 생길 수 있으니 약물 사용보다는 예방이 최우선이다. 진드기의 예를 보자. 1990년대 초 '아피스탄'이라는 진드기 살충제가 출시되었다. 플라스틱 끈에 독성이 약한 플루발리네이트라는 살충 성분을 바른 제품이었는데, 처음에는 효과를 봤다. 하지만 여기에 내성이 생긴 진드기가 등장했다. 1999년에는 '체크마이트'라는 새로운 치료제가 나왔다. 지구상에서 가장 독성이 강한 유기 인산 화합물인 쿠마포스로 만든 약품이었다. 하지만 진드기는 이 제품에도 적응해갔다. 지금까지도 진드기를 완전히 없애는 것은 불가능하다. 그래도 약품을 사용해야 한다면, 각각의 전염병에 대응하는 맞춤형 치료제를 쓰는 게 좋다. 벌의 움직임이 심상치 않을 때 양봉 농가에 연락해서 구하면 된다.

❺ 왕대 확인과 제거

"땅콩 껍데기 같은 이건 뭐지?"

내검을 하다 보면 벌집에 엄지손가락 절반만 한 무언가가 대롱대롱 매달려 있는 것을 볼 수 있다. 땅콩 껍데기 같은 모양인데 이게 여왕벌이 자라는 방인 왕대다.

일벌이나 수벌보다 배가 긴 여왕벌답게 왕대는 벌방 밖으로 툭 튀어나와 있다. 매우 운 좋게 왕대 끝이 동그랗게 잘리며 여왕벌이 태어나는 순간을 본 적이 있다. 여왕벌이 날아간 뒤 남은 왕대 속은 텅 비어 있었다.

사실 왕대를 보면 겁이 났다. 벌들이 왕대를 만들었다는 것은 큰 변화를 요구하고 있다는 신호이기 때문이다. 벌들은 무리 내의 여왕벌이 약해졌다고 판단할 때, 또는 벌통을 떠날 준비를 하는 분봉 상황에 다다르면 또 다른 여왕벌을 탄생시킬 준비를 한다. 변화를 꿈꾸며 일벌 애벌레 한 마리를 골라 여왕벌로 키우는 것이다.

선택된 애벌레는 7일 동안 로열젤리를 먹고 왕대에서 자란다. 여왕벌의 힘이 왕성한 벌통에서는 보통 새로운 여왕벌이 태어나지 않는다. 기세가 등등할 때 여왕벌은 새 여왕벌의 탄생을 막기 위해 왕대 안에 있는 여왕벌을 찔러 죽인다. 그러나 기존 여왕벌의 힘이 약할 경우에는 그러지 못하고 두 마리의 여왕벌이 경쟁하는 상황에 이른다.

한 벌무리에 여왕벌이 둘일 수 없으니 이 벌무리는 둘로 쪼개진다. 그래서 왕대를 발견하면 일단 긴장해야 한다. 소비 한 장에 여러 개의 왕대가 매달린 경우도 있는데, 여왕벌이 파괴한 경우가 대부분이고 이미 여왕벌이 태어나 비어 있는 경우도 있다.

때로는 왕대가 만들어지길 바라는 순간이 있다. 기존 여왕벌이 죽거나 사라져서 새 여왕벌이 필요할 때다. 이때는 왕대가 있다면 곧 여왕벌이 태어날 테니 반가운 일이다. 하지만 왕대가 없다면 밖에서 여왕벌을 구해 와야 한다.

　내 벌통에서 여왕벌이 사라졌을 때 나는 이웃집에 생긴 왕대를 그대로 떼어내서 여왕벌이 없는 벌통 소비 아래쪽에 고정해 주었다. 그때부터는 이 왕대가 내 벌통 전체의 희망이었다. 곧 태어나는 여왕벌이 벌통 안에 있는 벌무리의 혼란을 잠재우길 기도하며 벌통 문을 닫았다. 여왕벌이 무사히 태어나 벌들과 잘 어우러지길 바랄 수밖에 없었다.

　벌통에 왕대가 안 생긴다면 양봉가가 직접 왕대를 만들 수도 있다. 왕대를 만드는 기구를 '왕완'王椀이라고 부른다. 나무틀에 반구 모양의 뚜껑이 고정된 형태로 생겼는데, 이 안에 태어난 지 이틀 된 매우 작은 알을 넣는다. 향후 여왕벌이 될 것이므로 가능하면 산란을 잘하는 여왕벌이 낳은 알을 고르는 게 좋다. 이후 여왕벌이 없는 벌통에 왕완을 넣고 왕대가 생기기를 기다린 다음 10일이 지나면 잘라내 옮겨준다.

　왕대는 만들어진 상황에 따라 자연왕대와 변성왕대로 구분된다. 어느 쪽에 해당하는지는 왕대의 위치와 방향 등으로 판단하는데, 이를 통해 벌통의 상태를 진단할 수 있다.

　자연왕대는 기존의 여왕벌이 제구실을 못할 때 주로 만들어지는데, 중력 방향대로 아래로 처지면서 생긴다. 이 왕대에는 여왕벌이 거꾸로 들어 있어서 머리의 방향이 땅을 향해 있기 때문에 왕대 끝을 가위로 오린 것 같이 구멍이 만들어지면서 여왕벌이 태어난다.

소비 아래에 주렁주렁 달려 있는 자연왕대(위).
소비 중앙에 만들어진 변성왕대(가운데). © Talking With Bees
잘라낸 왕대 안에 여왕벌이 먹고 사는 연노란색 로열젤리가 보인다(아래).

변성왕대는 여왕벌이 없어서 일벌을 여왕벌로 키울 때 주로 만들어진다. 소비 중앙에 갑작스럽게 생기며, 이 왕대에서는 여왕벌이 어느 방향으로 세상 밖에 나올지 알 수 없다.

왕대가 생겼다면 분명한 것은 새 여왕벌이 태어나자마자 벌통 안이나 또 다른 왕대 속에 있는 다른 여왕벌을 공격해 죽인다는 것이다. 만약 두 마리의 여왕벌이 동시에 태어나면 누구 하나가 죽어야 싸움이 끝난다. 자매인 두 여왕벌이 서로의 배에 독침을 꽂기 위해 치열하게 싸운다. 왕좌를 지키기 위해 살인을 서슴지 않는 냉혈한 여왕의 모습이다.

❻ 내검 일지 작성하기

양봉도 농사이기 때문에 때맞춰 할 일을 해야 한다고 여러 번 강조했다. 일주일에 한 번 하는 내검 때마다 벌통의 상태를 일지 형태로 기록해두면 벌통을 관리하는 데 매우 도움이 된다. 현재의 벌과 벌통 상태를 잊지 않을 수 있고, 다음 내검 때 준비해올 것을 잘 챙길 수도 있다.

내검할 때는 장갑을 끼고 있기 때문에 지문 인식을 해야 하는 스마트폰에 기록하기가 쉽지 않다. 펜도 잡기 힘들었지만 알아볼 수 없는 글씨로라도 종이에 간단히 적었다가 나중에 다시 일지를 정리했다.

내검 일지에 적을 내용은 자유롭게 정하면 된다. 보통 내검

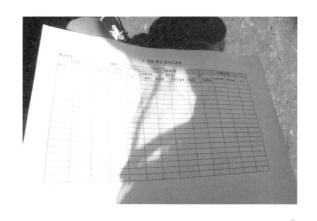

실제 내검 일지의 모습. 작성 일자, 각종 벌방 수, 여왕벌의 유무와 산란 여부, 왕대 유무 등을 적어둔다. 기록이 쌓이면 벌통의 상태가 어떻게 변해가는지 확연하게 파악할 수 있다.

날짜와 벌통 안 소비 수, 벌집 양쪽에 벌이 많이 붙은 소비 수, 알·애벌레·번데기가 많은 소비 수, 꿀이나 꽃가루가 든 먹이용 소비 수, 비어 있는 소비 수, 여왕벌 유무, 산란 여부 그리고 왕대 유무를 적었다. 왕대가 있다면 자연왕대인지 변성왕대인지도 기록했다. 병충해에 대비한 방제 처리를 언제 어떻게 했는지도 적어두는 게 좋다. 그리고 언제 빈 벌집틀을 추가해 넣었는지도 적었다.

내검 일지를 잘 작성해두면 꿀이 들어오는 속도나 애벌레로 방이 차는 속도 등을 파악하기 쉬워서 벌들의 건강 상태를 가늠할 수 있다. 이렇게 규칙적으로 내검을 기록하다 보면 점점 벌통의 상태를 한눈에 파악하는 심미안이 생길 것이다. 성실한 농부가 농사를 잘 짓는 것은 동서고금의 진리인 것 같다.

여름

꿀벌도, 나도 열심히 일하고 있습니다

벚꽃은 봄이라는 연극 무대의 주인공이다. 작은 분홍 잎이 거리
에 흩날리고 연둣빛 새잎이 고개를 내미는 봄이 오면 무엇이라
도 할 수 있을 것 같은 희망이 가득 차오른다. 그러나 벚꽃이 만
개하는 4월 초는 벌들이 아직 부산하게 움직일 때는 아니다.

벌은 아침 기온이 15℃ 이상 되어야 활발하게 움직인다. 서울
은 4월 중순이 지나서야 아침 기온이 15℃가 넘었다. 그때야 활
기를 되찾은 벌통 주변으로 벌들이 기지개를 펴듯 웅웅거리며
날았다. 4월 중순부터 아침저녁이면 찬 공기가 내려앉는 10월
이전까지가 벌이 활동하기 좋은 시기이다.

만약 벚꽃이 좀더 오래 핀다면 우리가 지금보다 벚꽃 꿀을 많

이 수확할 수 있을 것이다. 하지만 기후 변화가 심해지면서 변덕이 심한 봄 날씨에 며칠 피어보지도 못한 채 금세 벚꽃이 지는 해도 있으니 앞으로 벚꽃 꿀 수확은 더욱 어려워질 것으로 예상한다. 올봄에도 비바람에 흩날리는 벚꽃 잎을 바라보면서 벚나무와 벌의 엇갈린 인연을 떠올렸다.

벚꽃이 떠나고 찾아오는 약 열흘 남짓한 시간이 벌과 양봉가에게는 한 해 농사의 절정기이다. 한국 최대의 밀원식물인 아까시나무 꽃이 필 때, 벌은 바쁘게 움직여 단기간에 꿀을 가장 많이 모은다. 남부 지방은 대략 5월 상순부터 중순까지, 중부 지방은 5월 중하순, 중북부 지방은 5월 하순이나 6월 초순이다.

바쁜 시기를 지나면 무더위와 긴 장마의 시간이 찾아온다. 이때는 벌들이 꽃꿀을 따러 나가지 못하니 벌통에 꿀이 부족해지기 쉬워 먹이 관리가 필요하다. 또한 약해진 벌무리에 각종 질병이 창궐하기 쉬운 때니 질병 관리에도 유의해야 한다.

❶ 채밀군 키우기

꿀을 많이 모으려면 벌이 많아야 한다. 꽃이 많이 필 때에 맞춰 꿀을 듬뿍 얻을 수 있도록 밖에서 꽃꿀을 따올 일꾼들을 육성해야 하는 것이다. 아까시나무 개화 시기에 외역봉을 잘 활용하려면 40~50일 전부터 계획을 세워야 한다. 꿀을 모아오는 벌들의 무리, 즉 채밀군採蜜群을 확보하기 위해 여왕벌이 산란을 잘

벌통 위로 아까시나무 꽃이 만개해 가지를 늘어뜨리고 있다.
아까시나무는 한국 최대의 밀원식물로 그 꽃꿀은 벌들의 훌륭한 먹이가 되어준다.

할 수 있도록 유도하는 게 우선이다. 벌이 알로 태어나서 성체
가 되기까지의 기간이 정해져 있으니 달력을 보며 날짜를 잘 세
어야 한다.

일벌은 여왕벌이 산란한 뒤 성충이 되기까지 21일이 걸린다.
그러고서 20여 일이 지나면 꽃꿀을 따러 벌통 밖으로 나간다.
예를 들어 아까시나무 꽃이 5월 10일에 피어서 13일 무렵부터
꽃꿀을 딸 수 있다고 하자. 개화 기간이 열흘 남짓이라고 할 때
아무리 늦어도 4월 23일 전에는 성충이 태어나야 한다. 그러려
면 4월 초순에는 여왕벌이 산란을 해야 개화 기간에 외역벌이
많아진다고 계산할 수 있다. 벌의 수명을 고려한다면 그보다 앞
선 3월 말부터 집중 산란을 하는 게 좋을 것이다. 지역마다 개
화기가 다르니 이에 맞춰 시기를 잘 조절해야 한다.

나는 4월이 시작되면서부터 알이나 애벌레, 번데기가 많은 소
비를 6~7장 준비했다. 소비 1장의 벌방 수가 7000개 정도니 여
기에 여왕벌이 모두 산란한다면 최대 7000마리의 일벌이 태
어난다고 볼 수 있다. 그런 소비가 6~7장이 있다면 대략 4만
5000천여 마리의 벌이 태어날 것이다. 이 작업을 하고 나니 아
까시나무에서 꽃꿀을 따올 일꾼들을 넉넉히 확보했다는 생각에
마음이 든든했다.

외역벌이 따오는 꿀은 벌통 안에서 일하는 내역벌과 애벌레의
먹이이기도 하다. 내역벌보다 외역벌의 수가 많아야 벌들이 먹
고 남은 것을 내가 얻을 수 있다.

❷ 계상 올리기

벌통에서 공중으로 날아오른 벌을 눈길로 좇아봤더니 벌들은 금세 건물 밖으로 점이 되어 사라졌다. 어디로 가는지 궁금했지만 어림잡아 추측만 가능했다. 노트북을 열어 지도를 펼쳐놓고 인근 녹지를 찾아봤다.

서울 동대문의 호텔 옥상 주변에 몇 군데 공원이 있었다. 남산까지의 거리가 약 1km이기 때문에 벌이 꽃을 찾아 충분히 비행할 거리가 된다. 아마 내 벌들은 남산까지 비행했을 것 같다. 도시 곳곳에 아까시나무 꽃이 피어나면 벌통에 꿀이 들어오는 속도가 눈에 띄게 빨라지는데, 이제는 채밀군을 키운 덕을 볼 차례다.

꿀이 많이 들어오는 유밀기에는 모든 것이 활기차다. 일벌의 밀랍 분비도 늘어 꿀을 저장하거나 알을 낳을 벌방을 빠르게 만들었다. 이 시기에는 벌들이 이틀 만에 소비 한 장 가득 벌방을 만들기도 한다. 꿀이 벌통에 차곡차곡 쌓일 때는 양봉가가 더 부지런히 벌의 시중을 들어야 한다. 벌들이 꿀을 더 잘 모을 수 있도록 벌통 안에 빈 벌집틀을 넣어준다. 빈 공간에 집을 짓는 벌의 습성을 이용하는 것이다.

더 이상 벌통에 빈 벌집틀을 넣을 공간이 없을 때는 다른 벌통을 쌓아올리면 된다. 벌들이 드나드는 소문이 있는, 맨 처음에 설치하는 기본적인 벌통을 '단상'單箱이라고 하고, 단상과 몸

집 마당에 놓여 있는 벌통. 소문에는 벌들이 바글대고 단상 위로 층층이 계상이 올라가 있다(위).
지금은 한창 일할 때. 벌들이 빈 벌집틀을 채워가며 열심히 집을 짓고 있다(아래). ⓒ 어반비즈서울

통 크기는 같지만 밑판이 없는 벌통을 '계상'繼箱이라고 한다. 네모난 나무 상자 모양으로 크기가 일정한 랭스트로스 벌통이 발명되고서 양봉가들에게 벌통을 층층이 쌓아 올리는 것은 손쉬운 일이 되었다. 보통 여왕벌 한 마리를 따르는 벌무리가 단상과 계상 사이를 넘나들기 때문에 이 사이에는 덮개를 씌우지 않는다.

일반적으로 여왕벌의 산란 속도보다 내역벌의 수가 많을 때 계상을 올린다. 원생은 많은데 어린이집 교사가 상대적으로 부족하면 아이들 돌보기가 힘들어지는 것과 같은 이치다. 벌통 안에 입구가 덮힌 애벌레방으로 가득 찬 소비가 3~4장 이상 들어 있다면 새로 태어날 벌이 육아를 맡으면 되니 안심하고 계상을 올려도 된다.

❸ 격왕판 놓기

이제 벌통은 2개가 되었다. 하지만 여왕벌은 여전히 한 마리다. 같은 여왕벌과 살고 있으니 1층과 2층이 한 집이다. 그런데 꿀을 더 잘 모으려면 지금부터는 1층과 2층을 나누는 작업을 해야 한다. 꿀은 벌이 모아오지만 어떻게 꿀을 모을지를 결정하는 것은 양봉가이다.

처음에 아무런 조치를 하지 않고 계상을 올리면 벌통에는 꿀방과 애벌레방이 뒤섞이게 된다. 벌들은 빈 벌방에서 육아도 하고 거기에다가 꿀도 모은다. 산란과 꿀 저장이 한 소비에서 동시에 이뤄지는데, 보통 가만히 두면 벌들은 소비 위쪽을 꿀방, 중앙을 애벌레방으로 삼는다.

하지만 한 소비에 꿀방과 애벌레방이 섞여 있으면 양봉가가 꿀을 수확할 때 매우 불편하다. 그래서 산란하는 여왕벌을 한곳에 격리할 수 있는 '격왕판'隔王板을 1층과 2층 사이에 두고 여왕벌의 다른 층 출입을 통제해 산란과 꿀 저장을 구분한다.

격왕판은 일벌과 여왕벌의 몸 크기 차이를 이용한다. 격왕판에는 구멍이 나 있는데 구멍의 크기가 중요하다. 일벌은 통과할 수 있지만 배가 길고 조금 큰 여왕벌은 통과할 수 없는 크기로 구멍이 나 있어야 한다.

격왕판을 두면 여왕벌은 원래 머물던 벌통에만 머물 수 있다. 그러나 몸집이 작은 일벌은 자유롭게 격왕판을 지나 벌통을 오르락내리락 할 수 있다. 여왕벌이 있는 벌통에서는 산란과 육아가 이뤄지고, 여왕벌이 없는 벌통에는 자연스럽게 꿀만 찬다. 일벌은 두 벌통을 자유롭게 돌아다닐 수 있으니 육아에도 문제될 게 없다.

내검 때 여왕벌이 이동할 수 없도록 설계한 계상에서 산란이 발견되었다면, 격왕판이 움직여 여왕벌이 단상에서 계상으로 이동했다는 의미니 여왕벌을 찾아 다시 격리해야 한다.

보통 여왕벌은 아래층인 단상에 머물도록 한다. 일벌은 본능적으로 위쪽에 꿀을 저장하는 습성이 있기 때문이다. 성공적으

벌통 위쪽에 격왕판을 놓은 모습.
이렇게 격왕판을 설치하면 여왕벌은 아래층과 위층 사이를 드나들 수 없다.

로 격왕판을 설치했다면 단상에서는 여왕벌이 계속 산란을 하고, 계상에는 꿀만 모인다. 이것이 가장 효율적으로 꿀을 모으는 방법이다.

동대문 옥상 양봉장도 5월 중순부터는 3층까지 계상을 쌓아 올렸다. 계상을 올리면 내검 시간도 오래 걸리고 손이 많이 가서 혼자서는 내검을 하기 어렵다. 꿀이 가득 찬 소비는 그만큼 묵직해지는데 10장의 소비 모두에 꿀이 찬 벌통은 건장한 성인 남성도 혼자서는 들어 올리기 힘들다. 나도 다른 양봉가의 손을 빌릴 수밖에 없었다. 도시에서 공동 양봉을 하면 서로 도움을 주고받을 수 있어서 의지가 된다. 물론 수확물은 사이 좋게 나눠야겠지만 말이다.

❹ 분봉 조심

도시양봉을 할 때 두려운 일 중 하나가 나의 벌들이 벌통을 버리고 떠나는 것이다. 이를 '분봉'이라고 한다. 벌이 많은데 계상을 올리지 않아 벌통이 비좁을 때나 기존 여왕벌의 힘이 약해져서 새 여왕벌이 태어났을 때 분봉이 일어나기가 쉽다.

가끔 도시양봉을 하다가 분봉 때문에 이웃과 갈등이 생겼다는 기사를 보면 같은 양봉가로서 마음이 편치 않다. 분봉이 일어날 때면 벌들이 한꺼번에 새로운 집을 찾아 움직이기 때문에 이웃들이 보기에는 상당히 위협적으로 느껴질 것이다. 벌들은 이사에 정신이 쏠려 사람에 신경 쓸 겨를이 없겠지만, 평소에는 보지 못했던 벌 떼를 한꺼번에 목격한 이들로서는 당연한 반응일지 모른다.

분봉은 양봉가에게도 끔찍한 재앙이다. 분봉이 일어나지 않도록 벌통을 잘 관리하는 게 양봉의 기본이다. 분봉이 나면 일단 벌이 벌통을 떠났기 때문에 양봉을 계속할 수가 없다. 갑자기 벌통을 박차고 나간 벌을 보고 누구네 집 벌인지 물어 확인할 수도 없는 노릇이고, 주변 나무나 건물 모서리에 새로운 집을 만든 벌무리가 있다면 상상만 해도 아찔하다. 동네 사람들 모두가 벌주인을 색출하려 할 것이고, 도시양봉을 하는 내가 지목 대상이 되는 것은 너무나 뻔한 결말이다. 이 말은 곧 동네에서 더 이상 양봉을 할 수 없을지도 모른다는 뜻이기도 하다.

분봉이 나지 않도록 벌통에 빈 벌집틀을 잘 넣어주는 것은 내검 과정에서 매우 중요한 작업이다. 적당한 공간이 있어야 벌통안의 환기가 되므로 다음 내검 전까지 새로 태어날 벌의 수를 고려해 빈 벌집틀을 넉넉하게 넣어준다. 벌들이 쾌적하게 생활할 공간을 마련해주는 것이다. 계상을 제때 해주는 것도 마찬가지 이유이다.

만약 여왕벌이 산란을 잘하고 있는데 왕대가 만들어졌다면 이 역시 분봉을 조심해야 한다는 신호다. 왕대를 발견했을 때 아직 여왕벌이 태어나지 않았다면 왕대 속 여왕벌을 죽이든가, 왕대를 잘 떼어내 여왕벌이 없는 다른 벌통으로 옮겨야 한다.

분봉이 일어나기 전에 이를 감지할 수 있는 신호가 있다. 갑자기 벌무리의 활동이 감소하고 벌통을 드나드는 벌의 수가 급감한다. 또한 일벌들이 일을 안 한다. 벌집을 짓는 것도 중단하고 꿀도 잘 안 모은다. 무슨 이유에선지 여왕벌은 배가 홀쭉해지고 가늘어지며 산란을 하지 않는다. 태풍이 오기 전에 흐르는 고요한 적막이라고 할까. 벌들의 움직임이 고요해지면 뭔가 꿍꿍이가 있다고 봐야 한다.

분봉 직전에는 벌의 배가 빵빵해진다. 분봉을 준비하면서 배속에 꿀을 채워 넣은 것이다. 새로운 집에서 열심히 벌집을 만들어야 하기 때문에 밀랍선도 비대해진다. 분봉을 준비하는 일벌 하나를 잡아 배를 살펴보면 마디 사이로 흰 밀랍 비늘이 삐져나와 있는데, 이는 밀랍을 많이 만들 준비를 한다는 물증이다.

분봉이 일어나면 벌들은 새로운 집을 찾아 이동한다.
평소에는 벌통에 있던 벌들이 한꺼번에 바깥으로 나오면 사람들은 겁을 먹을 수밖에 없다.

분봉이 날 때에는 힘이 센 여왕벌과 그를 따르는 일벌들이 한꺼번에 다 나가지 않는다. 2~3일 간격으로 계속 이동하기 때문에 첫 번째 분봉이 발생했을 때는 기존 벌통에서 왕대를 제거하면 집 나간 벌을 다시 데려올 수도 있다. 여왕벌과 일벌을 분리시킨 뒤 먼저 여왕벌을 벌통으로 유인하면 일벌이 따라오게 되어 있다. 하지만 생각만큼 쉽지 않으니 처음부터 분봉이 발생하지 않도록 주의하는 것이 좋다.

❺ 합봉하기

한 벌통의 벌들과 또 다른 벌통의 벌들을 합쳐야 할 상황이 있다. 이렇게 두 개 이상의 벌무리를 하나의 벌무리로 합해주는 일을 '합봉'合蜂이라고 한다. 합봉은 벌무리의 세력이 너무 약하고 회복될 가능성이 없을 때, 벌통에 있는 기존 여왕벌의 산란율이 떨어지거나 여왕벌이 없을 때 해준다. 약한 쪽 무리를 강한 쪽 무리의 벌통으로 옮겨야 하며, 집 나간 일벌들이 돌아오는 저녁 무렵이 하루 중 합봉하기에 가장 좋은 시간이다. 또 무밀기보다는 유밀기에 합봉이 잘 된다.

합봉할 때는 양쪽 벌들이 바로 섞이지 않게 해야 한다. 각각의 벌무리는 여왕벌이 다르기 때문에 일벌이 인지하는 페로몬이 다르다. 만약 서로 다른 벌무리를 한곳에 몰아둔다면 비무장지대 없이 전면전이 벌어질 수밖에 없다.

합봉을 위해 벌통 위쪽에 신문지를 깔아두었다. 이 위로 약한 벌무리의 벌통을 올려두면 신문지를 사이에 두고 두 벌무리가 대치하다가 마침내 하나의 벌무리가 된다.

　나의 벌통은 아니었지만 은평 양봉장에서 함께 양봉을 하던 한 동료의 벌통은 여왕벌이 사라져서 합봉을 해야만 했다. 우리는 신문지를 활용했다. 먼저 여왕벌이 든 벌통 위에 신문지를 깔고 그 벌통 위로 합봉할 벌통을 올린다. 이때 단상에 덮개를 씌우지 않는다. 두 벌무리는 신문지만 사이에 두고 대치하게 되는데, 새로운 페로몬에 익숙해진 벌들이 신문지를 뚫다보면 더 이상 서로를 적으로 인식하지 않고 전투 의지를 잃게 된다. 일주일이 지난 후 다음 내검 때 보니 이들은 하나의 벌무리가 되어 있었다. 합봉 후 2~3일 정도 내검을 하지 않고 서로 화합할 시간을 주는 것도 중요하다.

　이외에 합봉망이나 훈연기를 이용해 합봉을 하기도 한다. 단상 양봉을 할 때는 주로 합봉망을 쓴다. 여왕벌이 든 소비를 벌

통 한쪽에 몰아놓고 합봉망을 댄 다음 벌통 빈 곳에 합봉할 소
비를 옮겨 담는다. 이때 약한 벌무리가 밖으로 나가지 못하도록
소문을 차단한다. 두 벌무리는 처음에는 합봉망을 사이에 두고
대치하지만 시간이 지나면 역시 서로 적응하면서 화합한다.

훈연기를 이용하는 방법은 연기로 벌을 차분하게 만든 뒤 여
왕벌이 없는 벌무리의 소비를 여왕벌이 있는 벌무리 쪽으로 옮
기는 것이다. 이후 덮개를 씌우고 소문 쪽에 연기를 강하게 뿜
어준 뒤 소문 크기를 줄인다. 연기에 취한 벌들이 서로를 알아
보지 못하고 정신없게 해서 합봉을 마칠 수 있다.

❻ 혹서기와 장마철 대비

점점 더 더워진다. 연일 최고기온 기록을 갱신하는 여름을 맞이
했다. 기후 변화는 점점 심해질 것이기에 자연의 힘으로 농사를
짓는 양봉가도 더욱 힘들어질 것이다. 벌통을 그늘 아래로 옮기
고 깨끗한 물도 충분히 마련했다. 차광막을 설치하고 벌통 위에
나뭇잎 등을 덮어주었지만, 그래도 벌통 안 온도가 올라가는 것
을 막을 수는 없었다.

한여름 햇볕 아래 있는 벌통은 덮개를 덮어두기 때문에 벌들
이 감당할 수 없을 정도로 온도가 올라간다. 창문을 아주 조금
만 연 방에 에어컨은 없고 사람들만 바글바글하다고 상상해보
면 벌들이 벌통 안에서 얼마나 더울지 짐작할 수 있을 것이다.

벌통 안 온도는 중앙 부분이 가장 높고 바깥으로 갈수록 떨어진다. 중앙 부분의 온도는 35℃가 적당한데 38℃가 넘으면 벌들이 정상적으로 활동하지 못한다. 이때부터 벌들은 꽃꿀 채집 활동을 중단하고 소문 근처에 모여 선풍기 돌리듯 날개만 팔랑인다. 이렇게 벌통 안 온도가 올라가면, 우리가 한여름 에어컨이 고장 난 만원 버스에서 당장이라도 뛰쳐나가고 싶은 것처럼 벌들의 분봉 의지도 강해진다.

열대성 스콜 같은 소나기만 가끔 내리고 마른장마가 이어지는 해도 있지만, 대체로 한국의 여름은 장마를 동반하며 비가 많이 온다. 비가 내리면 벌들은 날개가 젖기 때문에 날 수가 없다. 벌들이 집에서 쉬는 장마철은 곧 꿀이 들어오지 않는 시기이다.

더욱이 밤나무 꽃이 피는 6월 말이 지나면 새로 피는 꽃을 쉽게 찾을 수 없다. 외역벌이 따오는 꽃꿀의 양이 뚝 떨어지면서 장마철이 시작된다. 이제부터는 가을에 피는 해바라기, 코스모스를 기다려야 하니 벌도 양봉가도 다가올 변화를 준비해야 한다. 보통 무밀기는 8월 중순까지 50~60일간 이어진다. 이때 특히 벌이 잘 쏜다고 하는데, 아무래도 꿀이 안 들어오니 벌도 예민해져서 그러할 것이다.

비가 올 때는 벌통을 열 수 없기 때문에 내검을 하지 않는 것을 추천한다. 그 대신 벌통이 젖거나 태풍 피해를 입지 않도록 대비해야 한다. 벌통 위에 스티로폼으로 비를 가리는 천막을 만들어주거나 비바람에 벌통이 날아가지 않도록 벌통 위에 벽돌을 올려두었다.

그렇지만 수만 마리의 벌이 복작거리며 집 안에만 모여 있으니 종종 벌통 안 환기는 해줘야 한다. 그래야 전염병을 막을 수 있다. 또 이 시기에는 꿀을 더 따올 수 없기 때문에 유밀기처럼 산란을 많이 하지 않으니 빈 벌집틀을 많이 넣어줄 필요가 없다. 소비 한 면의 70% 면적만큼만 벌이 붙어 있어도 된다. 벌이 너무 많으면 분봉이 나거나 꿀이 부족해지니 벌들이 남의 집 안에 있는 꿀을 훔쳐올 수도 있다.

이만영 농촌진흥청 잠사양봉소재과 실장은 장마철 양봉에 대해 "무밀기는 벌 전염병이 쉽게 번지는 시기이다. 전염병을 예방하려면 일단 벌이 건강해야 한다. 건강한 벌은 병든 벌을 알아서 제거해 전염병이 퍼지지 않도록 벌통을 청소한다. 또한 이 시기에 진드기 방제를 잘해야 겨울을 건강하게 날 수 있다"라고 조언했다.

❼ 도봉 방지

꿀이 부족한 시기에 다른 벌무리가 우리 벌통에 침입해 꿀을 훔쳐 가기도 한다. 이를 '도봉'盜蜂이라고 한다. 벌통의 꿀을 다른 벌들이 훔쳐 간다는 것은 내 벌무리의 세력이 약해졌다는 뜻이다. 소문에서 경비 벌이 임무를 소홀히 하는, 군사력이 강하지 않은 성이 함락된 것이다.

도봉이 시작될 때는 양봉가가 알아채기가 쉽지 않다. 다만 벌통을 드나드는 일벌을 보고 짐작할 수 있다. 벌통으로 들어가는 벌의 배는 홀쭉한데 벌통에서 나오는 벌의 배가 통통하면 그 배에는 꿀이 들어 있다는 의미다.

도봉이 진행되면 서서히 느낌이 온다. 벌의 비행 방향이 불규칙하고 비행 속도가 빠르고 저녁까지 벌통 주변이 어수선하면 뭔가 잘못 돌아가고 있다는 신호다. 이때 무심코 벌통을 열면 벌들이 갑자기 떼로 도망갈 수도 있으니 급하게 벌통을 열어선 안 된다.

일단 도봉이 발생했다면 먼저 소문을 막고, 벌통 뚜껑을 열어 도봉하는 무리를 쫓아낸다. 이때 다시 뚜껑을 닫고 소문을 열면 나머지 도봉꾼도 소문으로 도망간다. 이후 소문을 다시 닫고서 벌통을 다른 곳으로 옮겨 도봉꾼들과 격리시킨다. 도봉이 잠잠해졌다고 판단되면 조금씩 소문을 연다.

양봉가가 소문을 너무 넓게 열어두면 경비 벌이 소문을 지키기가 어렵다. 또 그렇게 하면 도리어 꿀 향기가 퍼져서 벌통에 꿀이 많다는 사실을 다른 벌통의 벌들이 쉽게 알아챌 수 있다. 벌통 옆에 꿀이나 설탕이 든 소비를 두는 일도 절대 해서는 안 된다. 당연한 말이겠지만, 건강한 경비병을 양성하려면 무엇보다도 벌무리 전체가 건강해야 한다.

햇꿀의 맛은 정말 다디답니다

직장인들이 가장 편안하게 쉬고 있을 토요일 이른 아침, 또는
마음의 여유가 조금은 생기는 금요일 저녁에 동대문 호텔 양봉
장에 드나들었다. 옥상에 서서 쩽한 더위를 식혀주는 산들바람
을 맞으며 남서쪽에 있는 남산타워를 바라보았다.

옥상 양봉장의 장점은 서울의 멋진 경치를 볼 수 있다는 것이
다. 양봉장 바로 앞에는 쇼핑몰과 동대문디자인플라자^{DDP}가 있
었다. 해 질 무렵 들르면 동대문의 야경을 볼 수 있었는데, 배트
맨이 옥상 난간에 걸터앉아 고독하게 도시를 지키는 모습이 떠
오르곤 했다.

애니메이션에 나오는 것 같은 하얀 솜털 구름과 파란 물감을

호텔 옥상에서 방충복을 입은 채 도심을 바라보는 도시양봉가들.
푸른 하늘과 도시를 날아다니는 벌들과 높은 빌딩 숲이 한눈에 들어온다. © 어반비즈서울

떨어뜨린 듯 선명한 하늘을 평소보다 가깝게 느낄 수 있는 시간
이었다. 막대를 꽂아놓은 듯 빌딩과 아파트가 늘어서 있는 서울
이란 대도시의 전망이 한눈에 들어왔다.

분봉 위기를 잘 넘긴 벌통의 벌들은 꿀을 모으는 데 더욱 박
차를 가했다. 양봉장에서 그렇게 벌과 도시에 취해 여름을 보내
고 나자 벌이 주는 황금빛 선물을 얻을 수 있었다.

❶ 꿀의 숙성

아까시꿀은 투명한 노란색이고 밤꿀은 짙은 갈색이다. 아까시
꿀보다 밤꿀이 더 쌉싸름한 맛이 난다. 꿀벌이 나무의 수액 등

을 가져다가 저장해 만든 감로꿀은 색이 진하며 단맛이 덜하지만 부드러운 맛이 난다. 포도 산지마다 다른 맛의 와인이 완성되는 것처럼 꿀도 생산지와 생산 연도의 기후 조건에 따라 맛이 다르다. 외국에는 다양한 꽃에서 나오는 다채로운 색과 맛의 꿀을 구분하는 꿀 소믈리에도 있다고 한다. 일이 달콤할 수 있다니 괜찮은 직업인 것 같다.

양봉을 하면서 눈이 커지고 행복해지는 순간이 있다. 육각형 벌방 안에 꿀이 고여 있는 모습을 처음 봤을 때 나는 벌들이 참 존경스러웠다. 봄 햇살을 받은 꿀은 윤기를 품은 채 반짝였고 꿀방에 머리를 박은 벌들은 나의 벅찬 마음을 아는지 엉덩이를 수없이 씰룩거렸다. 그런 장면을 볼 때면 다시금 벌이 온몸으로 낳은 결실이 꿀이라는 사실을 깨닫게 된다. 이 순간을 직접 보면 귀한 꿀을 나에게 내어주는 벌들에게 고마움을 느끼지 않을 수 없다.

꽃에서 나오는 꽃꿀이 우리가 먹는 꿀이 아니라는 사실은 뒤늦게 알았다. 꿀은 벌이라는 자연 필터를 거쳐야만 얻을 수 있다. 꽃은 벌을 유혹해 꽃가루를 다른 꽃에 보내야 한다. 달달한 꽃꿀을 만들고 벌을 불러들인다. 꽃꿀을 맛보는 벌은 여러 꽃의 암술과 수술을 오가며 몸에 묻은 꽃가루를 옮긴다. 벌의 몸에는 솜털이 나 있는데 꽃가루가 묻기 좋다. 자신이 이용당했는지도 모르는 벌은 식도 속 꿀주머니에 꽃꿀을 담아 집으로 돌아온다. 보통 야생화의 꽃꿀에는 20~50%의 당이 녹아 있다고 한다.

아까시꿀은 노란색이고 밤꿀은 짙은 갈색이다. 벌들은 한 벌통 안에서도
이렇게 다른 꽃꿀을 모아놓는데, 빛깔이 달라서 육안으로 확연하게 구분할 수 있다.

그렇게 채집된 꽃꿀을 벌은 다시 토해낸다. 밖에서 재미나게
놀다 벌통으로 돌아온 벌들은 벌방에 머리를 처박고 엉덩이를
씰룩거리는데, 어쩌면 꿀을 토해내고 있는지도 모른다. 벌은 꽃
꿀을 토해낼 때 어금니에서 발생하는 물질과 배 속 효소인 '인
버테이스'를 함께 섞는다. 그러면서 자당인 꽃꿀이 단당인 포도
당과 과당으로 분해되어 진정한 꿀이 된다.

벌들은 벌집 안에 꿀을 가득 채우면 수분량을 조절한 뒤 밀랍
과 꽃가루를 섞어 벌방 입구를 덮는다. 벌방이 덮이기 전에 소비
를 흔들면 꿀이 뚝뚝 떨어질 정도로 묽은데, 그건 아직 꿀이 완
성되지 않았다는 의미다. 꿀이 끈적끈적한 이유는 벌이 날갯짓
을 해서 수분을 날리기 때문이다. 그런 과정을 거친 꿀의 수분
량은 10~20%에 불과하다.

반짝반짝 윤기를 내뿜으며 벌방에 고여 있는 꿀을 볼 때면 새삼 벌들이 존경스러워진다.
곧 저 꿀방은 꿀로 가득찬 뒤 입구가 닫히면서 숙성의 과정을 거칠 것이다.

하얀 눈이 내려앉은 듯 꿀방의 입구가 닫히면 아무리 소비를 흔들어도 꿀이 떨어지지 않는다. 이렇게 봉인된 꿀은 상하지 않기 때문에 오래 보관할 수 있다고 하니 벌들은 성격이 꼼꼼하고 완벽한 장인인 셈이다.

벌이 꽃에서 꿀을 딸 수 없는 가을·겨울에는 양봉가가 벌통에 설탕을 공급하고 그것으로 벌이 다시 꿀을 만든다. 이렇게 채취한 꿀을 '사양 벌꿀'이라고 한다. 사양 꿀과 진짜 꿀을 구별하려면 꿀 성분표에 표기된 탄소동위원소비carbon isotope ratio를 확인하면 된다. 식품의약품안전처의 사양 벌꿀 자율표시 기준에 의하면 탄소값 −22.5‰을 기준으로 이보다 낮으면 천연 벌꿀, 이보다 높으면 사양 벌꿀로 분류된다. 동대문과 은평에서 우리가 딴 꿀의 탄소값은 −24.6‰이었다.

❷ 첫 수확

여름의 기운이 꺾인 8월 마지막 주의 이른 아침, 이날은 그동안의 정성을 확인하는 날이었다. 바로 꿀 따는 날이었다. 벌의 먹이인 꿀을 가져가려니 미안하기도 했지만 설레기도 했다. 만화 주인공 '곰돌이 푸'가 된 기분이랄까. 꿀 먹을 생각에 아침부터 신이 났다.

양봉장에 도착해 꿀이 꽉 찬 소비들을 하나씩 벌통에서 꺼내 들었다. 소비 한 장의 무게가 3kg은 족히 나갈 만큼 묵직했다.

벌의 수고만큼 그동안 쏟은 내 정성도 보상받는 기분이었다. 아직 벌방 문이 덮이지 않은 소비는 채밀하지 않고 좀더 지켜본다. 모든 방의 입구가 덮여 있는 소비만 채밀했다. 소비에 붙은 벌을 솔로 쓱쓱 털어내고, 꺼낸 소비를 실내로 옮기기 위해 차에 실었다. 차 안까지 벌들이 따라와 방충복을 입은 채 이동해야 했다.

채밀할 때는 밀도蜜刀와 채밀기가 필요하다. 밀도는 벌방 입구에 봉해진 덮개를 포 뜨듯 벗겨내기 위한 긴 칼을 말한다. 밀도가 없을 때는 일반 칼을 사용해도 된다. 밀도를 쓸 때는 벌집 안의 꿀이 흐르지 않도록 사과 깎듯이 얇게 덮개를 저미는 게 중요했다. 섬세한 손길과 적당한 힘 조절이 따라야 벌이 애써 모은 꿀을 바닥에 흘려버리지 않을 수 있다.

채밀기는 원심분리기의 원리를 적용한 큰 통 모양의 기구이다. 꿀이 뚝뚝 떨어지는 소비를 통돌이 세탁기같이 생긴 채밀기에 넣고 돌리면 마치 솜사탕 만들 듯 꿀이 실처럼 채밀기 벽에 붙었다. 함께 채밀하러 모인 동료들과 나는 반짝거리는 꿀 실이 계속해서 벽면을 치는 것을 보면서 팔이 아픈 줄도 모르고 채밀기를 돌렸다. 채밀기를 돌릴수록 꿀은 통 아래로 떨어져 고였고, 아래에 난 구멍으로 흘러나오는 꿀을 받을 수 있었다. 물론 자동 채밀기도 시중에서 구할 수 있다.

한참 동안 채밀기를 돌리고 나면 속이 뻥 뚫려 가벼워진 소비만 남는다. 꿀을 모을 때 같이 떨어진 밀랍 조각들은 체에 밭치

채밀기는 원심력에 의해 액체나 고체가 분리되는 원리를 이용한 기구이다.
이 안에 소비를 넣은 뒤 채밀기 위쪽의 손잡이를 돌리면 꿀이 떨어져 나온다.
이를 체에 밭치면 꿀과 함께 떨어져나온 밀랍 조각 등을 제거한 액상 꿀이 남는다. ⓒ 어반비즈서울

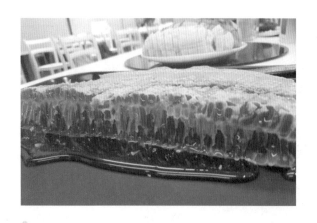

꿀을 가득 머금은 벌집을 통째로 갖다놓았다.
부어 먹고 찍어 먹고 발라 먹어보면 안다. 그 맛은 정말 꿀맛이다!

고 액상 꿀만 따라내면 된다. 여러 번 채밀을 해본 어반비즈서
울의 박진 대표는 소비 한 장당 1.6~3kg씩의 꿀이 나온다고 설
명했다. 체로 거른 꿀이 비처럼 떨어지는 걸 보면서 우리는 탄성
을 질렀다. 도시양봉으로 얻을 수 있는 꿀은 아까시꿀, 밤꿀, 감
로꿀이 섞인 이른바 '잡화꿀'이다. 아까시꿀보다는 색이 진했고
밤꿀보다는 맑았다.

이날 우리는 꿀을 시큼한 자몽에 찍어 먹고, 고소한 프라이드
치킨에 찍어 먹고, 담백한 바게트 빵에 발라 먹었다. 나는 음식
은 배를 채우기 위해 먹는 것이라고 생각하는 '미맹'이지만 꿀이
들어가는 요리 레시피는 종종 검색하곤 한다. 주말 아침이면 견
과류와 꿀, 채소와 과일 등을 섞은 샐러드를 해 먹을 수 있었다.

딸이 종종 벌에 쏘여 아파할 때 쓸데없는 짓 하고 다닌다며

꾸중하시던 엄마도 꿀이 들어간 음식 앞에선 너그러워졌다. 다른 딸이 주말 이른 아침마다 주섬주섬 짐을 싸 나가는 걸 지켜봐오신 엄마는 꿀통을 부엌 깊숙한 곳으로 들고 가셨다.

내가 선물한 꿀을 맛본 한 후배의 어머니는 "맛있다. 달지 않은데 달다. 설탕을 타거나 설탕물 먹인 벌을 가지고 만든 꿀과는 다르다. 이참에 너도 양봉을 해라"라고 말씀하셨다고 한다. 후배는 "집에 있는 꿀통만 봐도 뿌듯하다. 손가락으로 조금씩 찍어 먹고 있다""팔아도 될 것 같다"라는 말을 남겼다.

보통 초여름에 한 번 채밀을 하고, 다시 꿀이 차길 기다렸다가 늦여름에 또다시 채밀을 했다. 양봉을 하다 보면 수확만큼이나 다른 즐거움이 많지만 꿀 수확은 최고의 기쁨이었다.

가을과 겨울

이제 알싸한 추위를 대비해야 합니다

만약 사람이 아닌 다른 생물로 태어날 수 있다면 무엇으로 태어나는 게 좋을까. 동물을 좋아하는 나는 기왕이면 봉사하는 삶을 실천할 수 있는 안내견으로 태어나고 싶다. 그런데 나는 나무로 태어날 것 같다. 열심히 달리다 한 해 중반을 지나기 시작하면 벌써 지쳐버리는 나의 1년을 돌아볼 때, 여름을 특히 사랑하는 나무로 환생할 것 같다.

나무는 봄과 여름에는 넓은 잎을 통해 흡수한 에너지로 열심히 살고, 가을과 겨울에는 잎을 떨어뜨려 에너지 소모를 줄인다. 자연의 순리대로 사는 많은 생명이 비슷하다. 자연의 변화에 순응하는 삶을 산다.

벌도 해가 짧아지기 시작하는 가을부터는 조금씩 주변을 정리한다. 양봉가도 4월부터 8월 초순까지 열심히 일한 벌이 쉴 수 있도록 배려한다. 벌통을 관리하느라 고생한 양봉가도 이제부터는 할 일이 점점 줄어든다. 새로운 양봉 기술을 배우거나 양봉 공부를 하면서 재충전의 시간을 갖는다.

그런데 8월 중순에 한 해 꿀 농사를 마무리하기에는 너무 이른 면이 있다. 우리와 위도가 비슷한 외국에서는 가을에도 꿀을 모으는데 한국에서는 왜 이 시기에 꿀 채취가 거의 불가능한 걸까. 한국의 평균기온을 보면 10월까지는 벌이 활동할 수 있는 온도가 유지된다. 하지만 양봉을 이어갈 수 없는 이유는 정작 벌이 꿀을 따올 꽃이 부족하기 때문이다. 길가에 핀 코스모스와 국화가 간간이 눈에 보이고 싸리나 메밀, 들깨 같은 농작물의 꽃이 피긴 하지만, 한국의 가을은 봄만큼 화사하지 않다. 꽃이 없으니 벌은 할 일이 없다. 당분간은 식량을 아껴 혹독한 겨울을 지내야 한다.

자연에 순응한 결과지만 벌은 일과 휴식을 분리하는 삶을 산다. 해가 뜨면 집 밖으로 나와 일하고 해가 지면 집 안으로 들어간다. 우주의 시간이 가을에서 겨울로 넘어갈 때면 겨울잠을 자러 간다. 이렇듯 벌이 규칙적으로 생활할 수 있도록 양봉가는 몇 가지 도움을 주어야 한다. 예를 들어 겨우내 배고프지 않도록 식량을 준비해주고, 벌통에 이불을 덮어 추위를 막아주고, 벌이 에너지를 비축하기 위해 가만히 있을 때 벌집에 찾아가지 않아야 한다. 항상 느끼는 바지만 양봉은 양봉가가 아무리 열심히 한다고 해도 실제로 벌에게 도움될 게 많지 않기 때문에 욕심을 부리면 상황이 더 안 좋아진다.

❶ 말벌의 공격

하늘이 높아지고 습도는 낮아졌다. 우주에는, 생명들이 더운 여름 동안 고생했고 추운 겨울이 오기 전에 잠시 숨 좀 고르라고, 가을이라는 아름다운 계절이 있다. 아파트 단지 안에 핀 무궁화와 코스모스의 청량한 기운은 봄의 산뜻함과는 또 달랐다.

그런데 이렇게 날씨 좋은 날에 가장 무서운 녀석이 찾아왔다. 말벌이다. 양봉을 처음 시작할 때만 해도 벌의 천적은 곰돌이 푸만 있는 줄 알았다. 자연 다큐멘터리에서 봤듯이 진한 갈색 옷을 입은, 사람보다 똑똑하고 날렵한 곰이 허겁지겁 벌꿀을 파먹는 역동적인 광경을 떠올렸다. 하지만 꿀벌의 천적은 (전염병과 진드기를 제외한다면) 말벌이다. 동화 『꿀벌 마야의 모험』에도 말벌 부족과의 전쟁이 생생하게 묘사돼 있다.

적을 알아야 전쟁에서 승리할 수 있다. 말벌의 한 해를 보자. 10월 말이면 말벌의 수컷은 죽고 암컷만 남는다. 암컷은 고목이나 동굴에서 월동하며 살아남는데, 이듬해 5월 이후 월동하던 곳에 집을 짓고 산란과 육아를 하다가 대가족을 이룬 8~9월께 꿀벌을 공격하러 온다. 물론 이 전쟁에서 꿀벌이 이길 때도 있다. 하지만 말벌 한 마리를 죽이는 데 꿀벌 1천 마리 이상이 필요할 만큼 말벌과의 전쟁은 꿀벌에게 큰 피해를 가져온다. 만약 벌통의 모든 벌이 말벌 한 마리의 공격을 막아냈다고 해도 도망간 말벌이 자기네 식구를 몽땅 불러오면 게임은 쉽게 끝난다.

말벌에는 장수말벌, 등검은말벌, 쌍살벌, 땅벌 등 여러 종류가 있다. 그중 장수말벌은 한국산 벌로 꿀벌이 가장 무서워하는 천적이다. 장수말벌의 침에는 꿀벌 침의 수십에서 수백 배의 독성이 있고 신경을 마비시키는 성분인 만다라톡신이 들어 있다. 꿀벌은 침을 쏘면 내장이 함께 빠져나와 죽는데 말벌은 침을 재사용할 수 있으니 이것 역시 얼마나 무서운가. 말벌의 강한 턱은 꿀벌 여러 마리를 한꺼번에 물어뜯어 먹어 치울 수 있다고 한다.

나는 장수말벌을 처음 봤을 때를 생생하게 기억하고 있다. 처음엔 작은 새인 줄 알았다. 하도 커서 얼굴 표정까지 보이는 것만 같았다. 주황색 투구를 쓴 전사의 얼굴에다가 주황색과 검은색 줄무늬 갑옷을 두른 단단한 몸의 장수말벌을 보면서 영화 〈트랜스포머〉에 나오는 범블비를 떠올렸다. 범블비처럼 장수말벌도 거침없다. 지금도 말벌이 곁에 있다고 상상하니 무섭다. 최근에는 열대지방이 원산지인 등검은말벌이 많은 피해를 주고 있다.

일단 말벌이 공격해 들어오면 꿀벌 쪽은 전멸이라고 봐야 하기 때문에 말벌이 벌통 근처에 오지 못하도록 방어하는 것이 최선이다. 내가 아는 말벌 퇴치법은 유인해 죽이기, 방어 그물 달

주황색 투구를 쓴 전사의 얼굴과 주황색과 검은색 줄무늬 갑옷을 두른 단단한 몸의
장수말벌을 보면 영화 〈트랜스포머〉에 나오는 범블비가 떠올랐다. © Tarabagani

기, 그리고 그냥 죽이기가 있다.

말벌을 유인하려면, 병뚜껑이 막힌 1.5ℓ 페트병에 말벌 몸 크
기 정도 되는 구멍을 뚫는다. 여기에 3일 이상 발효시킨, 썩기
직전의 포도나 유산균 음료를 양껏 넣는다. 말벌은 육식동물이
지만 부패한 과일즙을 잘 먹는다. 이렇게 만든 음료 통을 벌통
5개에 하나 꼴로 벌통 위에 매달아둔다. 시큼한 냄새를 맡은 말
벌이 페트병 안으로 들어왔다가 음료에 빠져 밖으로 나가지 못
하면 성공이다.

벌통 입구 앞에 말벌 몸보다 작고 꿀벌 몸보다는 큰 그물망
을 걸어두는 것도 한 방법이다. 말벌은 주로 벌통 입구부터 공
격하는데, 그물이 있으면 말벌이 벌통 입구에 접근하기가 쉽지
않아 공격을 포기할 것이다.

그물망과 유인액이 있어도 말벌이 벌통 근처를 맴돈다면 말벌을 때려죽이는 방법밖에 없다. 말벌이 양봉장에 나타나면 겁이 많은 나는 소리를 지르며 배드민턴 라켓을 휘둘렀다. 땅에 떨어져 기절한 말벌 엉덩이에서 재빨리 침을 뽑고 발로 밟는 약간의 조치(?)를 했다. 살상한 사실은 인정하나 정당방위였다고 주장하는 바이다.

❷ 병해충 방제

한여름 더위가 꺾이면 사실상 그해 꿀을 모으는 작업은 끝을 향해 간다고 봐야 한다. 이제부터는 서서히 월동을 대비해야 한다. 겨울이 오기 전에 벌통에 남아 있는 벌들을 잘 유도해서 벌무리가 건강하게 겨울을 날 수 있도록 도와야 한다.

꿀 모으기가 끝나면서 벌통 안에도 변화가 찾아왔다. 8월 하순부터 여왕벌의 산란이 다시 왕성해졌다. 이때는 산란과 육아가 잘 이뤄지도록 도와 10월 중순까지는 여왕벌이 낳은 새 생명이 모두 벌방에서 나올 수 있도록 유도한다. 이 시기에 태어나는 벌무리 수가 적당해야 6개월의 긴 겨울을 서로의 체온으로 잘 버틸 수 있다.

10~11월은 진드기와 노제마병의 방제 최적기다. 주로 월동 포장 전에 방제 작업을 하는데, 방제가 곧 성공적인 월동을 결정하기 때문에 매우 중요하다. 9월 이후 여왕벌의 산란이 거의

끝나고 모든 새끼 벌이 태어나면 진드기는 이제부터 애벌레가 아닌 성충의 몸에서 기생해 월동한다. 진드기 방제는 벌방에 숨어 있던 진드기가 바깥으로 나오는 이 시기에 하는 게 좋다.

노제마병이 번지면 일벌은 설사를 하고 여왕벌이 낳은 알은 잘 부화하지 못한다. 이 질병은 늦겨울과 초봄에 잘 생기지만 가을에 방제해두어야 탈이 나지 않는다. 방제 방법 등은 앞에서 소개한 '질병과 천적 대처법'(92~98쪽)을 참고하면 된다.

❸ 벌통 축소와 식량 공급

"벌들한테 일 열심히 하라고 해!"

아직 해가 뜨지 않은 늦가을의 출근길, 식탁에 마주 앉은 엄마는 숟가락을 입에 넣은 채 소녀처럼 웃었다. 한창 말 배우느라 바쁜 조카를 돌보느라 허리가 아픈 엄마한테 무농약 꿀 한 숟가락이 보약이길 바랐다.

동료들과 나는 11월 중순에 겨울나기 작업을 시작하기로 했다. 양봉장에는 은은한 늦가을 햇살이 벌통을 비추었다. 이날 낮 최고기온은 16℃였다.

뜨거웠던 여름 소란스럽게 윙윙거리던 벌들은 가을이 되면 차분해진다. 그늘이 드리워진 벌통은 이미 겨울잠에 빠진 듯 고요했다. 월동 준비를 하기 위해 살펴본 결과 안타깝게도 벌통 하나에서 벌의 수가 크게 줄었다. 가을이면 말벌 떼의 습격과 전염병 창궐로 벌무리의 세력이 약해지고, 벌들이 계절 변화에 충실하게 적응하며 산란을 줄이기도 한다.

때 이른 한파가 다녀가서인지 벌통 안에서 얼어 죽은 벌들도 눈에 띄었다. 벌집에 머리를 묻은 채 죽은 벌의 뒷모습이 짠했다. 벌은 추위를 이겨내기 위해 여왕벌을 중심으로 더 밀착해서 서로의 온기로 겨울을 난다. 추울수록 부단히 두 쌍의 날개로 날갯짓을 해 서로가 서로의 난로가 된다. 보통 일벌이 육아를 하는 벌통 중앙의 온도는 35℃가 유지된다. 벌무리는 휴식 대사량을 조절해 필요한 만큼 열을 내며 온도를 유지한다. 추운 겨울에는 대사량을 늘려 많은 열을 일으켜야 살아남을 수 있다. 그러나 여왕벌을 잃어버렸거나 여왕벌이 죽었거나 벌무리 수가 너무 적은 벌통의 벌들은 서로의 온기를 느끼지 못한 채 동사하기 쉽다.

월동을 위해서는 벌통에 벌들이 적당히 있어야 한다. 기준에 미달하는 벌통, 즉 이대로는 겨울을 날 수 없을 것 같은 벌통은 다른 벌통과 합봉해주었다.

월동 준비 작업의 핵심은 여름 동안 늘렸던 벌통 규모를 줄이는 것이다. 봄과 여름에는 여왕벌이 산란을 잘하고 꿀이 많이 들어오기 때문에 2~3층으로 벌통을 올리는데, 이제는 단층이면 충분하다.

벌통의 공간을 줄였다면 그다음으로는 월동용 식량을 공급해주어야 한다. 벌통 안을 보면 여름만큼은 아니어도 소비 중앙에 꿀이 차 있는 것을 볼 수 있다. 기온만 놓고 보면 봄과 온도가 비슷하기 때문에 가을에도 벌들은 꿀을 모은다. 꿀이 부족한 벌통에는 설탕물을 넣어주는데, 겨울을 나기 위한 꿀을 만들 수 있도록 늦어도 10월 초순 전에는 넣어주는 것이 좋다. 하지만 수분이 많은 꿀은 모아봤자 월동하는 데 요긴하게 쓰기 어렵다. 질 좋은 천연 벌꿀을 남겨두는 것이 가장 좋다.

벌통 안은 '꿀3+벌5' 법칙을 적용했다. 보통 소비가 8장이면 벌이 붙은 소비 5장과 벌들의 에너지원으로 쓸 꿀이 찬 소비가 3장 이상이어야 한다. 그리고 꿀 소비에는 3분의 1 이상 꿀이 차 있어야 한다.

필요한 꿀의 양은 기후, 벌무리의 수, 월동 포장 상태 등에 따라 다르게 적용할 수 있다. 중부지방 기준으로 벌 숫자가 소비 8장이라면 8~10kg의 꿀이 필요하다. 기후 변화가 심하고 벌무리가 약하며 포장이 부실할수록 에너지 소모가 많기 때문에 꿀이 많이 필요하다.

축소나 합봉을 마치고 식량도 두둑이 넣어준 벌통은 외부를 다시 한번 포장해주었다. 소비를 벌통 중앙으로 옮기고 소비 양 끝에 스티로폼 보온재를 넣었다. 나머지 공간에는 겨나 볏짚, 스티로폼 같은 걸 넣고 벌통 위에 신문지나 모포, 면포 같이 두툼한 천을 덮어줬다. 혹시 모르니 진드기 방지를 위해 옥살산 처리도 추가로 했다. 더 추워지는 12월 중순이 되면 비닐하우스 덮개용 면포와 비닐로 꽁꽁 싸는 외부 포장을 해주었다. 공기가 통해야 하므로 소문은 열어둬야 한다. 쥐가 포장 안으로 파고들

외국에서는 도시양봉가를 위한 다양하고 창의적인 양봉 물품이 제작·판매된다.
미국 콜로라도주에서 제작된, 꿀벌의 겨울나기를 위해 예쁜 방한 덮개를 두른 벌통의 모습.

어 소문 주변에 구멍을 낼 수 있으니 포장 후 주변에 쥐덫이나 쥐약을 두기도 한다. 이렇게 월동 포장이 끝나면 벌들은 잠이 들 준비를 한다.

몇 번의 송년 모임을 다니고 내년에 쓸 다이어리를 고르다 보면 한 해가 끝난다. 한때 그리도 뜨거웠던 지구가 이렇게 차가워질 수 있는지, 매해 겨울이 되면 롤러코스터 같은 날씨에 놀라고 그래도 무탈하게 한 해가 지났다는 데 감사한다. 벌과의 1년 농사는 이로써 다 끝났다. 올해도 벌들은 따뜻하게 겨울잠을 잘 수 있을까. 그랬으면 좋겠다.

2부

양봉이

끝나고 난 뒤

벌의 선물

벌이 나에게 준 것을 돌아봅니다

전 세계적으로 기후 변화로 인한 문제가 심각해지고 있다. 서울도 최근 여름에는 최고기온이 39℃까지 올랐고 겨울에는 영하 15~18℃까지 기온이 떨어졌다. 사계절이 아름다운 대한민국이라는 말이 무색해지고 있다. 이 모든 것이 지구 온난화의 결과라는 사실을 익히 알면서도 정작 많은 사람들이 지구를 위한 노력은 뒤로 미루고 있다.

겨울은 가난한 이들에게 더 가혹하다. 더우면 옷을 벗으면 되지만 추우면 대처할 방법이 없다. 매서운 겨울이 오기 전부터 아무리 보온을 잘 해줘도 원래 세력이 약했던 벌무리는 얼어 죽었다. 벌방에 머리를 넣은 채 얼어붙어버린 벌을 보면서 마지막 순

내 생애 두 번째 반려동물, 벌.
이 작은 생명에게 나는 마음을 주었고, 그러면서 많은 것을 배웠다. ⓒ 어반비즈서울

간만이라도 달콤했기를 바라곤 했다.

벌을 처음 만났을 때 생애 두 번째 반려동물이 생긴 기분이었다. 우리 집에서 만 16년을 살고 무지개다리를 건너간 요크셔테리어 '주리' 다음으로 만난 벌에게 마음을 많이 주었던 것 같다. 벌들은 너무 수가 많아 이름을 지어줄 수 없었고 얼굴도 구별할 수 없었지만, 양봉장에 가면 나를 기다리는 나의 벌이 있다는 생각에 힘이 났다.

물론 양봉은 반려동물을 키우는 것과 달랐다. 내 벌은 맞는데 내 벌이 아니었다. 벌과 나의 관계는 반려인과 반려동물이라고 하기에는 느슨했다. 양봉가인 내가 벌들을 책임져야 하지만 그렇다고 벌들이 나를 알아봐주지 않았다. 내가 잘한다고 벌과 내 사이가 좋아지는 것도 아니었다. 그래도 생명이기에 벌도 누군가의 마음을 위로하는 능력이 있었다. 나는 양봉을 하면서 마음을 주되 전부 주지 않는 법, 정성을 다하되 너무 많은 것을 바라지 않는 법, 도시에서 누군가와 함께 사는 법 등을 배우는 중이다.

도시양봉이라는 특이한 취미는 나의 삶을 바꿨다. 새로 사람을 만났을 때 취미로 양봉을 한다고 하면 다들 호감에 가까운 관심을 보였다. 양봉을 하지 않았더라면 지나쳤을 도시의 많은 꽃과 나무 등을 한 번 더 눈여겨보게 됐다. 여유로운 마음으로 옥상에 부는 바람을 맞으며 하루를 힘차게 시작할 수 있었다. 손톱보다 작은 벌도 이렇게 열심히 사는데 게으를 수 없다며 조금 더 부지런한 내가 됐다. 돌아보니 벌이 내게 준 선물이 참 많았다.

❶ 꿀의 안전성과 종류

"중금속 나오는 꿀, 너나 먹어라."

도시양봉 기사를 쓰면 종종 이런 댓글이 달린다. 이에 맞서 분노의 댓글을 달려다가 나의 사회적 체면을 생각해 참았다. 그러게 말이다. 자동차 매연과 고층 건물의 열기, 미세먼지를 생각할 때 도시에 사는 모든 생명의 몸속에는 분명히 나쁜 성분이 농축돼 있을 것 같다. 만약 식용에 부적합한 꿀로 판정된다면

벌들이 만든 벌꿀을 열처리, 여과, 냉각하는 자동제어 기계.
이 과정을 거쳐야 벌꿀은 시중에 유통·판매할 수 있는 상품이 된다.

나와 벌이 꿀을 만드는 이 과정이 음식 쓰레기를 만드는 일이
되고 말 것이다. 다행히 나는 중금속이 없는 것으로 판명된 꿀
을 맛있게 잘 먹고 있다. 그래도 양봉을 하면서 주의해야 할 점
은 많았다.

항생제나 살충제는 가급적 사용하지 않았다. 식용 꿀의 안전
성은 주로 살충제나 항생제 농도를 측정해 평가한다. 식품의약
품안전처에서는 식용 꿀을 두고 20여 개의 화학물질이 검출되
는지를 측정한다. 이중 클로람페니콜은 검출되어선 안 되는 항
생제로 세계적으로 사용을 제한하고 있다. 진드기 방제용 살충
제의 주성분인 플루발리네이트의 경우 50.0ppb 이하가 기준이
다. 또한 식용 꿀은 유통의 안전성을 높이기 위해 밀폐된 시스
템에서 열처리, 여과, 냉각의 과정을 거쳐 제품화된다.

꿀은 벌이 꽃꿀과 수액 등 자연물을 채집해서 만든 천연 벌(집)꿀과 생존을 위해 벌에게 최소한의 설탕을 먹인 뒤 만든 사양 벌(집)꿀로 구분된다. 식품의 기준과 규격을 제시하는 식품공전에서는 수분, 산도, 전화당, 자당, 타르색소, 사카린나트륨, 탄소동위원소비 등 10개 항목을 기준으로 꿀의 규격을 정해두고 있다.

그렇다면 미세먼지는 양봉에 얼마나 영향을 미칠까. 농촌진흥청 잠사양봉소재과에 문의해보니 최근에야 관련 연구를 시작했다고 한다. 모든 농업은 환경의 변화에 직접적인 영향을 받는데 대응이 빠르지는 않다.

양봉을 시작하고 얼마 지나지 않은 봄날, 서울 명동에서 열린 마르쉐 장터에 갔다. 이날 본 꿀의 색과 향과 맛은 셀 수 없을 만큼 다양했다. 꿀은 벌이 찾아가는 꽃에 따라 모든 것이 달라진다. 맛이 같더라도 색과 향이 다를 수 있고, 색이 같아도 맛과 향이 다를 수 있다. 벌집에서 제각각 다른 색의 꽃가루를 처음 봤을 때의 감동을 다양한 꿀을 맛보며 다시 한번 느꼈다.

꿀을 먹으면서 꽃에 대한 관심도 자랐다. 봄의 밀원식물인 산수유, 벚나무, 개나리, 찔레나무, 아까시나무, 민들레 등과 봄 작물의 꽃꿀로 만든 봄 꿀은 아까시꿀처럼 맑았다. 밤꽃이 피는 여름의 꿀은 봄 꿀보다 진했다. 토마토, 고추, 가지, 허브, 클로버 등은 여름에 피는 밀원식물이다.

4월 중순 이후 꽃이 피는 사과나무에서 난 꿀은 사과 잼같이

2016년 서울 명동에서 열린 마르쉐 장터에서 판매 중인 꿀.
다양한 색과 향과 맛의 꿀들이 알록달록 다채롭게 진열되어 있다.

조금 진한 노란색이다. 산벚나무꿀은 사과꿀보다 조금 더 색이 진하다. 제주도 밀감나무 꽃에서 채취해 만든 밀감꿀은 맑은 편이다. 한여름 나무 수액으로 만든 감로꿀은 아까시꿀보다는 조금 색이 짙다. 메밀꿀은 검정색에 가까울 만큼 어두운 색이다.

보통 꿀의 색은 7단계로 구분한다. 아까시꿀이나 사과꿀같이 물처럼 맑은 색,water white 클로버꿀이나 칠엽수꿀, 오렌지꿀, 자운영꿀처럼 아주 맑은 색,extra white 유채꿀이나 피나무꿀, 해바라기꿀, 싸리꿀과 같은 맑은 색,white 유칼리꿀, 목화꿀, 옻나무꿀 등 아주 연한 호박색,extra light amber 잡화꿀의 연한 호박색light amber 또는 호박색,amber 메밀꿀, 밤꿀 등 암갈색dark brown으로 나눈다.

❷ 부산물

양봉을 통해 얻는 부산물은 7가지를 꼽는다. 벌꿀, 꽃가루, 로열젤리, 프로폴리스, 밀랍, 벌 독, 수벌 번데기이다.

벌꿀

꿀은 수분을 빨아들이기 때문에 건조한 곳에 보관해야 한다. 습도가 높은 공기 중에 그대로 노출되면 표면에서 습기를 흡수해 꿀이 묽어지고 발효돼 신맛이 나거나 나쁜 냄새를 풍긴다. 소비에 덮개로 밀봉된 꿀은 쉽게 부패하지 않으니 그대로 보관해도 된다.

꽃꿀의 주성분은 자당이다. 벌의 소화액에 있는 전화효소와 어금니에서 분비하는 파로틴이 꽃꿀과 섞이면 꽃꿀의 자당 성분이 포도당과 과당으로 바뀐다.

우리가 먹는 꿀에는 22종 이상의 당류가 포함돼 있다. 구연산, 개미산, 호박산, 초산 등의 산과 비타민 B1, B2, B6, C 등도 들어 있다. 흑갈색 꿀이 붉은색 꿀보다 무기물 함량이 높다. 단 젖먹이 아이에게 꿀을 먹이면 보툴리누스균 중독으로 위험할 수 있으니 유의해야 한다.

꽃가루

꽃가루는 꽃 수술의 꽃밥 속에 들어 있는 생식세포이다. 일벌은 이를 수집하고서 자신의 분비물을 섞어 반죽하여 경단처럼 만든 뒤 벌방에 저장한다.

꽃가루는 3대 영양소인 탄수화물, 단백질, 지방이 골고루 들어 있는 완전식품이다. 미네랄, 비타민, 무기질이 많이 들어 있어 노화 방지나 원기 회복에 좋다. 미네랄과 비타민은 꿀이나 로열 젤리보다 많이 들어 있다. 밀원의 종류에 따라 구성 성분이 달라지며, 보통은 100g당 270kcal의 열량을 낸다.

살충제를 뿌리지 않는 지역의 꽃에서 난 꽃가루는 날것으로 먹을 수 있다. 꽃가루를 오래 보관하려면 10℃ 이하의 저온에서 완전히 밀봉해 저장해야 한다. 강한 직사광선이나 자외선을 쪼이지 않도록 해야 하고, 온도가 60℃ 이상으로 올라가면 영양소가 파괴되니 따뜻한 물과 함께 먹지 않는 것이 좋다.

로열젤리

일벌은 성충이 된 지 5~15일이 지나면 머리에 있는 하인두선에서 로열젤리를 분비하기 시작한다. 여왕벌은 애벌레로 왕대에 들어 있을 때부터 성충이 되어서까지 줄곧 로열젤리를 먹는다. 일벌과 수벌도 생후 3일까지는 로열젤리를 먹는다. 하지만 이후로는 맛볼 수 없는 음식이다.

로열젤리에는 수분, 단백질, 지방, 탄수화물, 비타민, 무기물, 생리활성물질 등이 포함돼 있다. 특히 동물에게 필요한 아미노산 함량이 높다. 스테로이드, 스테롤, 핵산 등도 미량 들어 있다. 로열젤리는 노화 방지, 빈혈과 저혈압 예방이나 치료, 항암 등에 효과가 있는 것으로 알려져 있다. 일부 농가에서는 인공왕대를 이용해 로열젤리를 다량 생산하기도 한다.

프로폴리스

벌은 식물이 생장점을 보호하기 위해 분비한 물질이나 진액을 수집한 뒤 자신의 침에 있는 효소와 혼합해 프로폴리스를 만든다. 이는 외역벌 중 일부의 벌이 별도로 모아오며, 따뜻할 때는 끈적하지만 식으면 단단해지기 때문에 '꿀벌 아교'라고도 한다. 프로폴리스에는 25~35%의 밀랍과 5%의 꽃가루, 5%의 무기물,

미네랄 등의 성분이 들어 있다.

프로pro는 그리스어로 방어, 폴리스polis는 도시라는 뜻이다. 즉 도시를 방어하기 위한 무엇이라는 말인데, 벌에게 프로폴리스란 벌집을 안전하게 지켜주는 물질이다. 벌들은 프로폴리스를 벌통 내부에 발라 바이러스나 적의 침입을 막는다. 벌통의 틈새를 메워서 빗물이 스며들지 않게 하고, 항균 효과가 있어서 벌통 안에서 질병이나 미생물의 성장을 막는다. 여왕벌은 산란 전에 프로폴리스로 벌방을 얇게 코팅해 알과 애벌레를 미생물로부터 안전하게 보호한다.

기원전 이집트에서는 미라의 부패를 막기 위해 방부제에 프로폴리스를 혼합해 사용했다는 기록이 있다. 그리스 로마 시대에는 피부 종기 치료에 쓰였다고 한다. 현재는 항산화 작용과 구강에서의 항균 작용이 입증되어 많은 이들의 사랑을 받고 있다.

밀랍

〈왕좌의 게임〉 같은 시대물 드라마를 보면 편지나 칙령을 보낼 때 봉투에 밀랍을 붓고 굳혀서 인장을 사용한다. 이를 '씰'seal이라고 부르는데, 기원전 4500년경에 메소포타미아에서 사용된 기록이 있다. 뭄바이나 그리스, 중국 등지에서 청동으로 만든 촛대가 발견된 것으로 미루어보면 기원전 3세기에는 지배계급을 중심으로 밀랍이 사용된 것으로 보인다.

밀랍을 분비하는 벌은 성충이 된 지 12~15일 된 어린 일벌이

윗줄부터 왼쪽에서 오른쪽 순서로 ① 외국에서는 소량의 다양한 꿀을 맛볼 수 있도록 꿀을 빨대에 넣어 판매하는 모습을 쉽게 볼 수 있다. ②는 꽃가루, ③은 로열젤리, ④는 프로폴리스인데, 기능성 식품으로 많은 관심을 받고 있다. ⑤는 밀랍으로 양초, 립스틱, 비누 등 생활용품의 원료로 쓰이며, ⑥은 벌 독으로 한국에는 제품화가 많이 되어 있지 않지만 외국에서는 이를 이용한 기능성 크림 등이 시판되고 있다. ⑦은 육안으로 보면 혐오 식품처럼 보이지만, 실제로 많은 나라들에서 식용하고 있는 수벌 번데기이다.

다. 이들은 꽃에서 따온 꽃꿀에 효소를 섞어 체내에서 밀랍을 만든다. 배 7마디의 환절 중 3~6마디에서 한 쌍씩 길이 3mm, 두께 0.1mm가량 되는 밀랍 비늘을 분비한다. 벌들은 대략 2만 5000여 개의 밀랍 비늘을 반죽해서 소비 한 장에 7000여 개의 육각형 집을 짓는다.

밀랍으로 만든 벌집은 내각의 크기가 120도인 정교한 육각형 모양이다. 이는 애벌레를 키우는 인큐베이터로 온도 35℃, 습도 60%를 유지한다. 서양에서는 벌집 조각이 든 꿀을 주로 먹기 때문에 밀랍을 식품으로 인정하고 있다. 이외에 껌 첨가제나 과자 등의 코팅제로 사용한다. 양초를 비롯해 립스틱, 포마드 같은 화장품과 색연필 원료로도 쓰인다. 한국에서는 한때 일부 벌집 아이스크림 가게가 천연 밀랍으로 만든 벌집 대신 파라핀 섞인 인공 소초를 대용으로 쓴 사실이 알려져 논란이 일기도 했다.

벌독

벌목과 곤충의 독주머니에 들어 있는 맑고 투명한 액체로 40가지 이상의 성분으로 이뤄진 혼합물이다. 꿀벌 중에는 일벌과 여왕벌만 벌 독이 있다. 독의 양은 벌의 종류와 나이에 따라 다르다. 서양종 일벌의 독은 0.3mg 정도다. 벌 독으로 생명이 위험해지려면 단시간에 최소 500번 이상 쏘여야 한다는 연구가 있지만, 독에 민감한 사람이라면 한 번만 쏘여도 생명을 잃을 수 있으니 조심해야 한다.

의학의 아버지 히포크라테스는 벌침을 의료용으로 사용했다는 기록이 전해진다. 로마제국 이후 서유럽에서도 벌침을 신뢰했다고 한다. 한국에서는 오래전부터 한방에서 관절염 치료에 사용하고 있고, 피부 상처나 화상 치료제로도 쓰인다. 최근에는 이를 각종 염증 질환의 치료제로 이용하기 위한 연구가 진행되고 있다.

수벌 번데기

중국에서는 오래전부터 수벌 번데기를 먹는 풍습이 있었다. 중국 명나라 때 집필된 약학서인『본초강목』에도 수벌 번데기가 심장병, 황달, 복통과 구토, 풍진, 내장 출혈, 대하증 등에 효과가 있다고 소개돼 있다. 일본에서는 통조림으로 먹고, 루마니아에서는 '아피라닐'이라는 이름으로 판매된다.

16~20일까지 자란 수벌 번데기가 상품 가치가 있다. 너무 이르면 애벌레가 많이 포함돼 있고 너무 늦으면 성충이 되기 때문에 질감이나 영양이 좋지 않다고 한다. 우수한 단백질원으로 각종 비타민, 고농도 엽산, 식이 섬유가 함유돼 있다.

❸ 함께한 사람들

"양봉은 반려동물이나 나무 키우는 거랑 또 다르잖아요. 기자님은 제 마음 아시죠?"

서울 은평 양봉장에서 만난 이지연 씨는 알레르기가 심한데도 수년째 벌을 친다. 이씨는 서울에서 도시양봉을 할 만한 건물 옥상을 찾아다닐 만큼 양봉에 퐁당 빠졌다. 이씨를 대신해 '우리는 왜 양봉을 시작했는가'라는 질문에 대답한다면, 벌의 매력은 '가족보다는 멀고 친구보다는 가깝다는 점이 아닐까'라고 답하겠다. 외롭지만 또 독립적이고 싶은 도시인에게 잘 어울리는 관계라고 감히 말할 수 있다.

여러 이유로 양봉에 관심을 갖게 된 사람들을 만날 기회가 있었다. "꽃이 좋아 벌에 관심이 생겼다"라는 직장인 김민영 씨는 "지금은 아니지만 언젠가는 뒷동산에 벌통 3개를 둘 것"이라고 말했다. 퇴직 후 개인 사업을 하고 있는 전 아무개 씨에게는 경기도 고양의 집 근처 텃밭에 4개의 벌통이 있다. 유기농 먹거리에 관심이 있어 8년 동안 농사를 짓다가 양봉을 시작했는데, 아직은 꿀보다 벌과 친해지는 일이 더 중요하다고 했다.

서울 용산구 용산2가동 자치회관 앞 해방촌오거리에서 만난 양봉가들은 동네를 바꿔놓았다. 해방촌에는 '비밀'Bee Meal이라는 도시양봉가들이 있다. '벌Bee들의 밥'Meal이라는 이름에서부터 벌에 대한 애정이 느껴졌다. 해방촌의 한 주택 옥상과 남산 소월길에서 키운 벌통 7개에서 1년 동안 꿀 약 65kg을 얻었다. 수확한 꿀을 동네 주민들과 나누어 먹었다. 꿀과 견과류를 올린 절편, 치즈와 꿀에 절인 견과류가 올라간 카나페, 꿀을 넣은 양갱 등도 만들었다.

서울 용산구 해방촌오거리에서 열린 '비밀'의 네 번째 꿀잔치에서
도시양봉가 이종철 씨가 동네 아이들에게 꿀 바른 떡을 나눠주고 있다.

시식 행사에서 만난 비밀의 이종철 씨는 도시의 속도에 지쳐
가던 몇 해 전 양봉을 배웠다고 했다. 꿀을 따면 이렇게 나누어
왔다고 했다. 일종의 마을 공동체 살리기 운동이 아니냐는 말에
수확한 꿀을 나눠 먹었을 뿐이라고 겸손하게 말했다.

도시양봉을 하면서 얻은 선물 중 하나는 같은 고민과 경험을
하는 사람들을 만나는 것이었다. 비밀이 마련한 마을 잔치에서
만났던 주민들은 도시양봉의 숨은 조력자였다. 그들이 일군 텃
밭에서 자라는 작물이 꽃을 피워 벌들이 꿀을 모을 수 있었다.
또 벌들이 조용히 꿀을 만들 수 있도록 '민원'을 넣지 않는 고

마운 주민들이 없었다면, 양봉은 싸움을 부르는 괜한 일이었을 지도 모른다.

이날도 지팡이를 짚은 70대 할머니, 외출하는 50대 주부, 슈퍼에 나온 60대 아저씨가 꿀 밭에 흠뻑 빠졌다. 동네 아이들은 톱바 벌통에 매달려 벌들의 움직임을 살피며 놀라워했다. 비밀의 유아름 씨는 "농가의 양봉은 경제활동 성격이 강하지만 도시에선 사회활동으로 해석할 수 있다. 꿀을 통해 마을에서 지나칠 수 있는 이들과 진짜 이웃이 된다"라고 말했다. 비밀을 통해 양봉에 눈뜬 '해방촌양봉'의 박인형 씨는 도시양봉가 동료들과 함께 벌통 3개에서 꿀 20kg을 수확했다. 동료들과 1인당 1.5kg의 꿀을 나누어 가졌다.

김장 배추가 있는 텃밭에서, 조경용 국화가 핀 공원에서, 주말 나들이를 나가면 살랑살랑 바람을 타고 날아다니는 벌을 만날 수 있다. 나는 벌과 동고동락하는 짧은 시간 동안 메마른 잿빛 감성에 알록달록한 색을 덧칠할 수 있었다. 도시양봉은 그저 꿀을 얻는 경제활동이 아니라, 도시의 초록빛을 살리고 공동체와 소통하는 사회활동이다.

벌의 미래

벌과 함께 사는 법을 고민해봅니다

"만약 지구상에서 꿀벌이 사라진다면, 인류는 그로부터 4년 후 멸망할 것이다."

앨버트 아인슈타인이 한 말로 널리 알려져 있지만, 실제로는 1994년 프랑스의 양봉가들이 벌에게 먹일 꿀의 가격 인상과 수입 꿀에 대한 관세 인하에 반대하며 시위를 벌일 때 배포한 팸플릿에 실려 있던 말이라고 한다. 이때부터 이 말은 《워싱턴 포스트》《슈피겔》《인디펜던트》《인터내셔널 헤럴드 트리뷴》 등의 매체를 통해 널리 확산됐고 지금까지 출처가 잘못 전해지고 있다.

벌이 사라지면 인류는 어떤 변화를 겪게 될까. 벌은 '생태계의 카나리아'라고 불린다. 광부들이 갱도의 산소 부족을 미리 알아채기 위해 카나리아 새를 데리고 탄광에 들어가듯 생태계의 변화를 가장 먼저 감지하는 생물이 벌이다.

최근 2035년이면 꿀벌이 지구상에서 사라질 수 있다는 언론 보도가 화제였다. 이미 국내 토종벌 같은 야생벌 2만여 종의 40%가 멸종 위기에 놓여 있으며, 서양종을 합치면 한국에서도 10%의 벌이 줄었다고 한다.

벌이 사라지고 있다는 걱정은 2006년 무렵부터 시작되었다. 미국에서는 제2차 세계대전 당시 600만여 개였던 벌통 수가 2005년에 260만여 개로 줄더니 곧 200만여 개 아래로 떨어졌다. 집 밖으로 나간 벌들이 돌아오지 않는 이른바 군집붕괴현상 colony collapse disorder이 《뉴욕 타임스》 같은 언론의 표지를 장식하며 이슈가 되었다. 이런 끔찍한 상황은 전 세계에서 일어났다. 매년 미국, 캐나다, 유럽에서는 벌의 수가 급감하고 있다는 통계를 연이어 발표했다. 전문가들은 이미 2007년 봄 북반구 꿀벌의 25%가 사라졌다고 집계했다.

과학자들은 꿀벌이 사라지는 현상의 원인으로 꿀벌에 기생하는 진드기와 같은 해충, 산업농의 확산, 살충제 사용, 전자파나 태양 흑점의 변화까지 여러 이유를 제시하고 있다. 이러한 문제가 중첩돼 벌의 생명을 위협하겠지만 살충제 사용과 서식지 부족이 대표적인 이유로 꼽힌다.

사실 우리가 알지 못하는 사이 벌은 인간이 먹는 식량자원의 대부분을 수정하고 있다. 아몬드의 100%, 사과의 90%는 꿀벌이 수분해줘야 열매를 맺는다. 벌이 없어지면 벌의 수분으로 생존을 이어온 자생식물들의 번식 속도도 줄어들 수밖에 없다. 이 때문에 벌의 실종을 연쇄 종말의 시작이라고 보는 학자들도 있다.

과거에는 양봉가가 농부를 찾아가 벌이 꿀을 딸 수 있도록 밭에 벌통을 놓게 해달라고 부탁했다고 한다. 하지만 이제는 반대 상황이 벌어지고 있다. 농가는 개화기가 되면 벌을 귀인으로 받들어 대한다. 4월 중순 사과 밭에 꽃이 피면 사과 농가에서는 인근 양봉가들에게 벌통을 빌려 온다. 딸기, 수박, 참외 등을 재배할 때도 비닐하우스 안에 벌통을 들여놓는다. 미국에서는 트럭에 벌통을 싣고 다니면서 수분을 해야 할 시기에 벌을 대여하는 것이 벌꿀 판매보다 높은 수익을 거두기도 한다.

벌의 수가 줄고 기후 변화 때문에 꽃이 언제 얼마나 피고 질지 예상하기 더욱 어려워지면서 농가의 시름도 깊어가고 있다. 단일 작물을 대량생산하는 지금의 농가들은 벌에게만 자연수분을 맡기지 못한다. 벌을 구하기 어려운 지역에서는 사람이 직접 인공수분을 하기도 한다. 경남 함양에서 사과 농사를 짓는 마용운 씨는 "사과는 참외처럼 식물 생장호르몬으로 수분을 할 수 없기 때문에 수분해줄 벌이 꼭 필요하다. 하지만 벌에게 모든 것을 맡길 수 없으니 사과 꽃가루를 90만 원어치 사서 7일 정도 직접 인공수정했다"라고 사정을 설명했다. 벌이 사라진다면 우리는 어떻게 살아갈까. 도시양봉가는 벌을 위해 환경운동가가 될 수밖에 없다.

2013년 미국의 유기농 마켓 체인인 홀푸드의 로드 아일랜드와 유니버시티 하이츠 매장에서
작업한 프로젝트. 꿀벌이 사라졌을 때 매장이 어떻게 바뀔지를 보여준 사진. 수분 매개 활동으로
생산된 매장 내 식품은 453개에 달했고, 이를 치우자 237개의 선반이 비었다. © Whole Foods

❶ 사라지는 벌

2017년 12월 유엔은 매년 5월 20일을 '세계 벌의 날'로 제정했다. 115개국이 참여해 결정한 이날은 세계적인 양봉 국가인 슬로베니아의 양봉가 안톤 얀사Anton Janša의 생일이라고 한다. 그는 근대 양봉의 개척자로 비엔나제국에 양봉 기술을 들여온 뒤 사람들을 가르치고 양봉 교재도 펴낸 인물이다. 세계 벌의 날은 벌을 보호하는 방법을 고민하며 제정되었는데, 그만큼 벌의 생존이 위태롭다는 문제 의식을 반영한 것이다.

유엔식량농업기구FAO에 따르면 벌은 세계 식량자원의 90% 이상을 차지하는 100여 종의 작물 중 70%를 수분하고 있다. 그래서 꿀벌이 사라지면 인류의 식량난이 이어질 수 있다. 식량 부족은 전쟁을 낳고 그 결과 인류 문명이 파괴될지도 모른다. 벌이 사라지는 것은 끔찍한 파국의 도화선이 될 수 있는 것이다.

우려는 현실이 되고 있다. 2016년 2월 유엔생물다양성과학기구UN IPBES는 벌뿐 아니라 나비와 새, 박쥐처럼 수분 활동을 돕는 꽃가루 매개 동물의 16%가 멸종 위기라는 보고서를 발표했다. 이들 중 벌 종류는 40%나 멸종 위기였다. 실제로 2016년 미국어류야생동물관리국USFWS은 머리 부분에 노란빛을 띠는 하와이 토종 꿀벌 7개 종을 멸종 위기종 보호법에 따라 보호해야 할 종으로 결정했다. 꽃가루 매개 동물 멸종의 경제적 가치는 매년 2350~5770억 달러(한화로 270~670조 원)라고 한다.

슬로베니아의 양봉가 안톤 얀사를 기념하는 우표. 그는 비엔나제국에 양봉 기술을 들여와 사람들을 가르치고 양봉 교재도 펴낸 근대 양봉의 개척자로 평가받고 있다.

그렇다면 벌은 왜 사라지고 있을까. 그 이유에 대한 추리소설은 아직 결말 부분이 쓰이지 않았다. 다만 지금 추정되는 이유를 하나씩 들여다보면 인간의 모든 활동이 벌에게는 위협일 수 있겠다는 생각이 든다.

대규모로 산업화된 농장은 벌의 일터가 바뀌었음을 의미한다. 수평선까지 한없이 이어지는 단일 작물의 꽃은 사람의 눈에는 아름답게 보일지 몰라도 벌에게는 극복하기 어려운 변화일지 모른다. 대량 살포되는 비료나 살충제는 벌의 몸에 차곡차곡 쌓여 벌무리의 건강을 악화시킬 수 있다.

각 나라마다 환경이 다르기 때문에 쉽게 말할 순 없겠지만, 전문가들은 기업형 농업의 결과 벌의 면역 체계 자체가 파괴되고 있다고 지적한다. 자연 면역 체계의 파괴가 벌 세계의 붕괴를

대규모 기업농이 자리 잡은 미국에서 비행기로 살충제를 살포하는 모습.
이것이 벌에게 어떤 영향을 미칠지는 아직 엄밀하게 검증되지 않았다. © USDA

부르고 있다는 것이다. 이런 상황에서 진드기 퇴치, 병원균 박멸 등은 대증요법에 지나지 않는다.

2018년 유럽연합은 대표적인 살충제인 네오니코티노이드 사용을 전면 금지했다. 네오니코티노이드는 식물의 해충 방제용 천연 살충제인 니코틴을 모방한 약품이다. 본래 신경계에서는 뉴런과 뉴런, 뉴런과 근육 사이에서 아세틸콜린이라는 신경전달물질이 이를 받아들이도록 설계된 수용체와 결합한다. 그런데 독성 물질인 네오니코티노이드는 아세틸콜린 대신 이 수용체와 결합해버린다. 곤충이 이 성분에 많이 노출되면 방향 감각과 운동 감각을 잃고 귀소본능을 상실하며 경련·마비 증상과 함께 죽을 수 있다. 인간이 겪는 파킨슨병과 알츠하이머병도 바로 이 아세틸콜린 수용체 이상을 보이는 질병이다.

네오니코티노이드는 인체에 무해하지만 살충 효과가 뛰어나다. 포유류보다 더 취약할 수밖에 없는 곤충의 신경계에만 침투한다. 하지만 박멸해야 할 해충뿐 아니라 벌과 같은 이로운 곤충을 죽이기도 한다.

현재 100여 개 나라에서 140개 농작물에 사용 허가를 받은 제품인 이미다클로프리드는 전 세계에서 가장 많이 판매되는 살충제이다. 화초 관리, 벼룩 박멸, 흙 속 벌레 퇴치 등에 많이 쓰이고 있다. 이 물질은 식물 속으로 스며들어 조직에 퍼지기 때문에 이 물질에 노출된 식물을 먹은 벌레도 죽일 수 있다. 전문가들은 살충제로 벌이 즉사하지 않는다고 해도 이 약품이 벌의 행동 방식에 이상을 가져와 군집붕괴현상을 불러왔다고 추정했다.

진드기 퇴치용 살충제에 대부분 들어 있는 플루발리네이트는 수벌의 정자 생산과 생존을 감소시킨다. 또 다른 살충제인 쿠마포스도 수벌의 정자 생산을 감소시킬 뿐만 아니라 노출된 지 6주 전후에 정자가 죽는 피해가 보고되었다.

더군다나 2006년 해독된 꿀벌 유전자는 벌의 연약함을 다시금 확인시켜주었다. 벌은 해독과 면역 체계를 전담하는 유전자가 다른 곤충의 절반밖에 되지 않는다. 새로운 침입자를 제대로 상대할 수 없는 벌에게 새로운 살충제가 뿌려진 환경은 생존이 힘든 땅이다. 군집붕괴현상을 보이지 않는 벌들도 전염병에 취약한 편이었다고 하니, 현재 상황은 벌에게 만성 스트레스가 차곡차곡 쌓여 면역 결핍으로 이어지고 있다고 봐야 할 것이다.

벌은 벌통 하나가 한 생명처럼 움직이기 때문에 각자가 역할을 다하지 못하면 벌무리 전체가 위험해진다. 만약 먹이를 구하러 떠난 벌들이 일찍 죽으면 애벌레를 양육하는 데 집중해야 할 벌들이 육아를 팽개쳐놓고 먹이를 구하러 나가야 한다. 보살핌을 받지 못한 새끼 벌들은 영양실조에 걸리거나 병을 이겨낼 면역력을 갖추기 어렵다. 건강한 후대를 이어가지 못하는 벌통은 체력이 떨어질 수밖에 없고, 결국 전염병이나 말벌의 공격을 이겨낼 힘이 없다. 중요한 것은 기초 체력인데 면역력이 떨어지면 생존과 재생산이 힘들어진다.

전 세계적으로 시스템 붕괴를 막기 위한 노력이 요구되고 있다. 살충제 남용은 한 가지 원인일 뿐 거대 산업농이라는 시스템 자체와 이에 기반한 생활 습관이 지속되는 한, 자연의 적응력을 기대하기는 무리인 상황이다. 다양한 유전자, 다양한 서식지 확보로 벌들의 면역력을 강화하는 방법밖에 없다.

2018년 4월 영국 맨체스터 대학교 연구진은 꿀을 모으는 벌의 고유한 능력을 모방한 마이크로 로봇을 개발하는 중이다. 꽃잎에 사뿐히 앉아 꿀을 따오고 수분을 하면서도 사람을 쏘지 않는 기계 벌을 만들고 있다. 현재까지는 리모컨으로 조절하는 드론 같은 방식이지만, 언젠가는 자율 비행이 가능하도록 하겠다는 것이 연구진의 꿈이다. 그러나 아무리 기술이 발전할지라도 벌을 대신할 수는 없을 것이다.

벌의 미래를 걱정하다 보면 1962년 레이첼 카슨이 쓴 『침묵의 봄』이라는 책이 떠오른다. 그는 살충제나 제초제 같은 화학약품 사용으로 인해 생태계 교란이 일어나고 결국은 새들이 울지 않는 침묵의 봄이 올 것이라고 경고했다. 벌의 미래를 위해 우리가 해야 할 일은 자명하다.

❷ 꽃을 심다

서울 마포구 효창공원을 산책하다가 벚나무 꽃잎에 앉은 벌을 바라봤을 때, 한강 고수부지에 핀 해바라기에서 숨은 벌을 발견했을 때, 텃밭에 심은 토마토꽃과 호박꽃 위로 벌들이 붕붕 날아다니는 모습을 보았을 때……. 양봉을 하면서 나는 나와 벌과 꽃만이 아는 비밀의 시간을 소중히 여기게 되었다. 눈으로 본 장면을 잊지 않기 위해 사진을 찍듯 기억하기로 했다.

벌이 꽃꿀을 채집하는 활동은 여행 중인 벌이 꽃이라는 카페에 들러 음료를 마시는 것과 유사하다. 카페 주인인 꽃은 손님인 벌이 찾아오지 않으면 생존이 위태롭기 때문에 벌에 의존적으로 진화했다.

사실 벌이 꽃의 외형적인 아름다움에 끌릴 확률은 거의 없다. 벌은 인간보다 훨씬 심한 근시이기 때문에 향기가 없다면 가

온몸에 꽃가루를 묻힌 채 벌이 꽃꿀을 빨아들이고 있다.
벌은 눈이 나쁘기 때문에 주로 향기를 통해 꽃이라는 존재를 알아챈다.

까이 가서야 꽃을 구분한다. 인간의 망막을 채우는 세포가 1억 2000만 개라면, 벌은 겹눈 하나에 5400개의 세포만 갖고 있다. 게다가 카메라에 비유하면 벌의 렌즈는 인간의 것보다 60배는 성능이 나쁘다.

벌의 눈은 빛을 받아들일 때 붉은색은 보지 못한다. 그래서 파란색이나 보라색 꽃을 더 잘 찾아간다. 또한 여러 가지 색이 섞인 꽃, 꽃가루가 있는 중앙이 짙은 색을 띄는 꽃, 윤곽이 복잡한 꽃을 잘 찾는다.

결국 꽃은 벌과 같은 매개 동물을 불러 모으기 위해 열심히 향기를 내 자신을 홍보한다. 가게를 찾아온 벌이 가게 깊숙한 곳까지 헤집고 다니도록 꽃꿀 음료를 깊이 숨겨둔다. 꽃의 의도대로 몸 구석구석 꽃가루를 묻힌 벌은 만족스럽게 가게를 떠난다. 벌이 내는 음료 값은 꽃가루를 다른 꽃에게 전해주는 인건비라고 볼 수 있다.

조류를 제외한 대부분의 동물은 후각에 많이 의지한다. 꽃도 영리하게 벌의 후각을 공략했다. 꽃집에서 파는 꽃에 벌이 잘 찾아가지 않는 이유는 더 이상 매개 동물을 유혹할 필요가 없기에 꽃 스스로 향기를 내지 않기 때문이다. 향기를 만들어내려면 에너지 소모가 크기 때문에 향기가 나지 않는 쪽으로 개량된 것이다. 실제로 벌은 향기가 부족한 꽃을 잘 찾지 않는다.

꽃이 열매를 맺으려면 암술과 수술이 만나야 한다. 긴 수술대 끝 부분에 묻어 있는 꽃가루는 동물의 정자 기능을 한다. 매개 동물의 힘을 빌려 암술 아래 씨방으로 내려간 꽃가루는 식물의 난자라고 할 수 있는 밑씨와 결합해 열매를 만들어낸다.

꽃 중에는 자가수정하는 꽃도 있지만 대부분의 꽃은 다른 꽃의 꽃가루로 수정을 한다. 옥수수나 귀리 같은 풍매화는 바람에 꽃가루를 날려 보내 수정을 하지만, 많은 식물이 좀더 정확하게 꽃가루를 배달하기 위해 벌과 같은 매개 동물을 이용한다.

벌은 꿀과 꽃가루가 많은 꽃, 한곳에 모여 피는 동일 종의 꽃, 작은 꽃이 여러 개 뭉쳐 피는 꽃, 아래로 피지 않는 꽃 등을 특히 좋아한다. 벌마다 좋아하는 꽃은 또 다르다. 꽃꿀이 없는 토마토는 꽃가루 알갱이를 꽃밥 속 작은 기공 안쪽에 숨겨두었다. 서양종 일반 벌은 토마토꽃을 둘러보다가 그냥 가버린다. 하지만 뒤영벌은 다리와 입으로 토마토꽃의 수술을 붙잡고 날개 근육을 진동시키는데, 진동수가 정확히 초당 300회가 되면 꽃가루 알갱이가 구멍 속에서 나온다고 한다. 토마토꽃과 뒤영벌이 만들어내는 신비로운 메커니즘이다.

한국의 대표적인 밀원식물은 시중에서 구하기 쉬운 꿀이 무엇인지 생각하면 바로 알 수 있다. 한국양봉협회 홈페이지에 가보면 한국의 밀원식물을 종류별로 자세히 설명해두고 있다. 봄에는 유채, 벚나무, 회양목, 자운영, 마가목, 토끼풀, 아까시나무 등이 있다. 여름에는 호박, 헛개나무, 밤나무, 쉬나무, 참깨, 무궁화 등이 있다. 가을에는 해바라기, 쑥, 메밀 등이 있다. 텃밭에서 쉽게 기를 수 있는 밀원식물로는 씀바귀, 해바라기, 오가피, 돼지감자, 호박, 들깨, 취나물, 수세미 등이 있다.

밀원에 따라 꿀의 맛과 색이 다른 이유는 꽃의 꿀샘마다 독특한 당류와 여러 다른 맛이 나는 효소를 분비하기 때문이다. 꿀샘 안에 있는 꽃꿀이 꽃향기를 머금기 때문에 꿀마다 향도 달라진다.

벌이 살아가기 위해서는 꽃이 필요하다. 꽃이 피지 않는 곳에서는 벌이 살 수 없고 꿀도 구할 수 없다. 이렇게 당연한 것을 우리는 자주 잊어버린다. 그래서 많은 도시양봉가들은 매년 봄마다 밀원식물 묘목을 심는 행사를 연다. 지금 당장 꽃이 피지 않더라도 이다음에 꽃이 피면 그때의 벌들이 찾아와줄 것을 알기에 기다리는 마음으로 식물을 심는다. 항상 꽃이 피어 있는 도시를 가꾸는 것도 도시양봉가의 몫이다. 도시양봉가들은 그

벌이 없다면 매개 동물을 통해 수분을 하는 꽃은 난감해질 것이다.
물론 꽃이 없다면 벌 역시 살아갈 수 없을 것이다. 벌과 꽃은 그렇게 서로 함께 살아간다.

렇게 도시의 정원사가 된다.

한국의 도시는 꽃과 벌의 공생이 가능한 곳일까. 서울 광화문 광장과 서울로에 밀원식물을 심는다면 어떨까. 봄밤 퇴근길에 나는 꽃향기가 가을까지 이어진다면 벌이 좀더 행복해지지 않을까. 꽃잎 사이사이에서 꼬물거리는 작은 벌의 움직임을 엿볼 수 있는 기회가 모든 도시인에게 자주 찾아온다면 더욱 좋지 않을까.

벌들은 생각보다 인간에게 관심이 없다. 한 발짝 떨어진 도시인에게 다가가 먼저 엉덩이의 침을 내세우지 않으니, 쏘일 걱정을 먼저 하지 않아도 된다.

❸ 세계의 도시양봉

2017년 6월, 미국 뉴욕으로 출장을 다녀왔다. 이동 중에 잠시 시간이 나서 뉴욕 맨해튼 북쪽에 있는 컬럼비아 대학교에 갔다. 정문 앞에서 마르쉐가 열리고 있었는데 꿀을 판매하는 양봉가를 만날 수 있었다.

그는 도시양봉가는 아니었다. 맨해튼에서 꽤 멀리 떨어진 델라웨어 카운티 록스베리 지역에서 30년 넘게 운영 중인 가족 양봉 농장 '발라드네 꿀'Ballard's honey에서 일하는데, 종종 이곳에 와서 직접 채밀한 꿀을 판매한다고 했다.

나는 그의 부스에서 한참을 머물며 꿀을 맛보았다. 밝은 갈

미국 뉴욕의 한 마르쉐에서 구입한 꿀.
귀여운 곰돌이 모양의 꿀 병을 보면 흐뭇해지는데 그 맛도 꽤 달콤하다.

색의 투명한 클로버꿀, 붉은빛의 잡화꿀, 그리고 한국에서도 맛볼 수 있는 메밀꿀 등 한 보따리의 꿀을 샀다. 손이 큰 손님을 반가워하는 그에게 나는 서울에서 2년째 도시양봉을 하고 있다고 수줍게 말을 건넸다. 그는 자기 친구 중에도 뉴욕시에서 양봉을 하는 사람이 있다고 알려주었다. 그러고서 꿀 값 4달러를 깎아주었다.

출장길이라는 사실을 망각하고 쇼핑을 한 탓에 귀국할 때 무거운 짐 때문에 고생을 했다. 하지만 바다 건너온 곰돌이 모양의 꿀 병만 봐도 6월 초 청량했던 뉴욕의 날씨가 느껴진다.

세계적인 금융과 문화의 도시 뉴욕은 도시양봉으로도 유명하다. 2010년부터 뉴욕주는 법률을 마련해 도시양봉을 공식적으로 합법화했다. 뉴욕의 도시양봉가들은 뉴욕양봉가협회 New York City Beekeepers Association를 만들어 벌과 꽃과 꿀을 알리고 있다. 이들은 5월부터 11월까지 한 달에 한 번씩 도시양봉을 알리는 강연을 진행한다. 직접 양봉에 뛰어들려는 이들을 위해 '도시양봉 하는 법'이라는 강좌도 개설했는데, 이들의 페이스북 페이지를 방문해보면 2018년 4월에 72명이 수강 신청을 한 것을 확인할 수 있다.

뉴욕 맨해튼 미드타운 5번가 뉴욕공공도서관 뒤편에 있는, 작지만 예쁜 브라이언트 공원은 뉴욕 도시양봉의 상징과 같은 공간이다. 이 공원에 있는 벌통 입구를 24시간 촬영해 실시간으로 보여주는 더스트 비 캠 Durst Bee Cam 프로젝트가 진행되기도 했다. 이 영상은 타임스퀘어 카페테리아 옆 대형화면에 스트리밍되었는데, 서울 종로구 혜화동에 있는 도시양봉 카페 '아뻬서울'에서 차를 마시면서도 실시간으로 볼 수 있다. 2018년 여름 또 한 번 뉴욕에 방문했는데 브라이언트 공원에는 여전히 벌통이 놓여 있었다.

브라이언트 공원에서의 활동은 《뉴욕 타임스》 기사로도 확인이 가능하다. 2018년 4월 13일자 기사를 보면, 새벽에 브라이언트 공원으로 300만 마리의 이탈리안 벌이 찾아왔다. 미국 조지아주에서 15시간 동안 차를 타고 이동한 벌들은 150명의 뉴욕 도시양봉가에게 분양됐다. 이들은 뉴욕의 뒷마당, 옥상 등에서 양봉에 쓰일 예정이라고 기사는 소개하고 있다.

뉴욕양봉가협회의 설립자 앤드루 코테^{Andrew Coté}는 기자와의 인터뷰에서 이렇게 답했다. "뉴욕에는 500여 명의 도시양봉가가 있고, 이들에게 하는 봄철 꿀벌 배달은 우리의 봄맞이 의식이 되었다." 그는 매년 4월이면 꿀벌을 수백 마리씩 판매한다고 했다.

이날 벌을 분양받은 사람들도 즐겁게 기자와 인터뷰했다. "벌을 위해 도시의 꽃들에 물을 주고 있다" "교회 옥상에 벌통을 두고 예배가 끝나면 꿀을 판매하려고 한다" 등등 내가 도시양봉을 하면서 들떠 있던 것처럼 그들도 행복해했다. 한 교사는 "지난봄에 곰이 꿀을 훔쳐갔다"라는 무시무시한 이야기도 들려주었다.

앤드루는 뉴욕 브루클린에 있는 세계 최대 규모의 도심 옥상 농장 '브루클린 그레인지'^{Brooklyn Grange}에서 30개의 벌통을 두고 농사와 양봉을 하고 있다. 2010년에 문을 연 후 이곳에서는 건물 두 곳의 옥상을 이용하여 매년 5만 파운드(22.7톤)의 유기농 야채와 허브 등 농작물을 생산, 유통하고 있다. 도시농업, 옥상 농장 설치 서비스를 제공하면서 뉴욕의 시민사회 단체와 공동체 활동을 하고 있다. 또한 이곳을 방문하려는 시민들을 위한 관광 프로그램도 개설했다.

어반비즈서울 박진 대표의 말을 들어보면, 뉴욕에서는 도시양봉 합법화 이후 400여 개의 도시양봉장이 생길 정도로 양봉이 인기였다고 한다. 인터컨티넨탈호텔, 월도프아스토리아호텔, 뱅

뉴욕의 고층 빌딩이 내다보이는 건물 옥상에 마련된 양봉장(위).
브라이언트 공원에 있는 벌통의 24시간을 관찰할 수 있는 더스트 비 캠 프로젝트(아래 왼쪽).
도심 옥상에서 방충복을 입은 채 사진 촬영에 응한 뉴욕의 도시 양봉가들(아래 오른쪽).

크오브아메리카타워 등에도 옥상 양봉장이 있다. 벌통 수에 비례해 벌의 서식지가 필요하다는 요청에 따라 자연스럽게 도시를 푸르게 해야 한다는 인식 전환도 이뤄졌다. 맨해튼 중앙에 센트럴파크를 두고 있는 뉴욕에서조차 녹지 공간을 더 확보하기 위해 노력한다니 놀라울 뿐이다.

한편 영국에서는 1990년대 후반부터 도시양봉을 시작했다. 1999년 영국 정부 조사를 보면 런던에만 1000여 개의 도시양봉장이 있었다고 한다. 2012년에는 3000여 개로 늘었다. 현재 도시양봉을 하고 있는 곳은 관광지로 유명한 포트넘앤드메이슨 백화점 옥상, 버킹엄궁전, 자연사박물관 등이 있다. 런던에 갔을 때 포트넘앤드메이슨에 들러 차만 잔뜩 사 왔던 것을 계속 후회하는 중이다.

영국 런던과 프랑스 파리 등 유럽에서 도시양봉이 널리 확산되기 시작한 것은 2000년대 초반부터였다. "우리는 런던의 양봉가, 꿀벌과 수분의 수호자입니다." 런던에도 런던양봉가협회 London Beekeepers Association가 있다. 런던의 도심에서 벌을 치고 있는 양봉가와 이들을 돕는 자원봉사자를 중심으로 구성된 단체이다.

이곳 역시 대중에게 양봉을 교육하고 양봉 제품을 홍보·판매한다. 이들이 공식 홈페이지에서 밝힌 글은 도시양봉을 하는 이들의 마음을 대변하고 있다. "런던에서 벌을 치는 것은 상당히 힘든 일이다. 새로운 양봉가에게는 서식지를 관리하고 벌의 질병을 바로 알고 양봉으로 이웃에게 피해가 가지 않도록 하는 능력이 있어야 한다."

런던에서는 최근 몇 년 사이에 벌통이 2배로 늘었지만, 런던 양봉가협회는 이를 반기지만은 않았다. 런던 도심에 많은 건물들이 증·개축되면서 꽃이 피는 밀원식물을 심을 기회가 줄어들었기 때문이다. 또한 시 예산이 줄면서 공공장소에 관리가 필요 없는, 꽃 없는 작물을 심는 경우가 늘었고, 그래서 벌이 잘 살아갈 수 있는 환경을 조성하는 데 어려움이 있다고 했다. 이들은 환경 단체, 기업, 양봉협회 등과 협력해 이런 문제를 알리기 위한 홍보를 하고 있다. 또 살충제가 벌에 미치는 영향을 연구한 사례를 소개하고, 지역 봉사 활동이나 학교 행사에 참여하기도 한다.

일본도 우리보다 앞서 도시양봉을 하고 있다. 2015년 7월 아베 신조 총리의 부인 아베 아키에가 총리 관저 정원에서 벌을 치고 있다는 사실이 외신을 통해 한국에도 알려졌다. 미국 백악관을 방문했을 때 미셸 오바마의 텃밭을 보고 아베 아키에도 양봉을 시작했다고 한다. 이후 그녀는 도쿄의 빌딩 숲 한복판에서 양봉을 하고 있는 '긴자 꿀벌 프로젝트' 회원들에게도 연락을 했다.

긴자 꿀벌 프로젝트는 2006년 봄, 3대째 양봉을 하던 양봉가 후지와라 세이타藤原誠太가 도쿄에 양봉장으로 쓸 만한 건물을 찾고 있을 때 도쿄 도심에 사무실을 둔 한 회사의 간부 다나

도쿄의 중심지인 긴자에서 채밀한 벌꿀.
맑은 벌꿀 너머로 긴자의 높은 빌딩 숲이 보인다.

카 아츠오田中淳夫가 흔쾌히 자기 회사가 있는 건물의 옥상을 내주면서 시작되었다. 고급 레스토랑과 부티크 등이 있는 도쿄 번화가의 고층 건물 옥상에 그렇게 벌통이 놓였다. 인근에 일왕이 사는 궁이 있고 히비야 공원, 하마리큐 정원 등이 있어 꽃꿀을 필요로 하는 벌의 서식지로는 딱 맞는 장소였다. 이후 긴자의 베이커리, 케이크 전문점, 화과자 전문점 등에서는 이 옥상에서 나는 꿀로 만든 먹거리를 내놓았고 큰 성공을 거두었다.

도쿄에도 100개가 넘는 지역 양봉 단체가 있다고 한다. 긴자 외에도 시부야, 아카사카, 오미야, 마루노우치의 빌딩 옥상에서 벌을 치고 있으며, 도쿄 외에도 삿포로의 오도리 공원, 2019년 10월 화재가 난 오키나와의 슈리 성 등에서도 양봉을 했다.

한국의 가로수 중에는 꽃이 피지 않는 식물이 많다. 이는 상당 부분 일본의 영향인데, 일본 역시 꽃꿀이 나지 않는 삼나무, 노송나무, 소나무로 도시 인공림을 조성했다. 그래서 일본의 도시양봉가들은 벌을 지키기 위해 도시에 나무와 꽃을 더 많이 심을 것을 요구하고 있다. 긴자 꿀벌 프로젝트에 참여한 다나카 아츠오는 북극곰의 안위를 걱정하고 아프리카 코뿔소의 멸종을 가슴 아파하면서 정작 우리가 가까이에서 지킬 수 있는 벌에게 신경 쓰지 않고 있다며 이를 돌아봐야 한다고 말한다.

한편 외국에서는 도시양봉을 새로운 일자리 마련의 일환으로 인식하기도 한다. 덴마크 코펜하겐의 뷔비Bybi라는 사회적 기업은 사회적 소수자, 즉 노숙인이나 장기 실직자, 난민 등에게 도시양봉 교육과 취업의 기회를 제공한다. 홈페이지에 소개된 글을 보면 도시 전역에 있는 200여 곳의 양봉장에서 시리아나 수단 난민을 비롯해 다양한 소수자들이 벌을 치고 있다고 한다. 영국 리버풀의 사회적 기업 블랙번 하우스Blackburne House의 옥상에서 진행된 '호프 스트리트 허니'Hope Street Honey도 이와 유사한 프로젝트이다.

양봉을 하기 위해서는 벌통이라는 조형물이 반드시 필요하므로 도시양봉은 예술과의 접점도 찾을 수 있다. 2016년 5월 서울시가 주최한 도시농업박람회를 방문한 이탈리아의 산업디자이너 프란체스코 파친Francesco Faccin은 '허니팩토리'라는 특별한 벌통을 만들어 도시양봉을 더욱 돋보이게 하는 작업을 선보였다. 그가 만든 벌통은 도시와 조화를 이루도록 키가 높다. 지붕

이탈리아의 산업디자이너 프란체스코 파친이 선보인 벌통, 허니팩토리.
현재 서울 광진구 어린이대공원과 한강 잠원지구에 가면 이 특별한 벌통을 만나볼 수 있다.

있는 집 형태라 도시 어느 곳에 두어도 어색하지 않다. 그는 서울을 방문하면서 서울 광진구 어린이대공원과 한강 잠원지구에 이 예쁜 벌통을 설치했는데, 유리벽을 통해 벌통 안을 들여다볼 수도 있다. 햇볕을 그대로 받아내야 하는 문제를 개선한다면 더욱 실용적인 벌통이 될 것으로 기대를 모은다.

　몇 해 전 서울시를 취재할 때 도시농업과를 몇 차례 방문했다. 매년 8~9월이면 반복되는 벌로 인한 사건, 사고를 줄이는 방법을 지자체에서 고민하고 있는지 궁금했다. 안타깝게도 도시농업과는 아무런 계획이 없었다. 아니, 생각은 있어도 할 여력이 없다고 했다. 조례를 만들 수 있으면 기자님이 만들어달라는 공무원도 있었다. 시의회나 시청에서 도시농업, 도시양봉 등 농업 정책에 관심이 없기 때문이다. 그러나 도시양봉은 양봉가와 주민의 안전과 관련이 있기 때문에 행정 당국의 책임을 묻지 않을 수 없다.

　도시양봉의 역사가 한국보다 긴 외국에서는 안전한 도시양봉에 대한 고민을 제도에 담고 있다. 미국 뉴욕의 경우는 우선 양봉가의 의무를 분명히 명시했다. 양봉가는 벌을 치려면 이 사실을 해당 지자체에 알리고 양봉가 등록을 해야 한다. 개인 정보와 긴급 연락망,

번잡하고 사람 가득한 도시에서 안전하게 벌을 치려면 시민들 사이의 약속이 필요하지 않을까. 아직까지 서울은 그런 준비가 덜 되어 있는 도시다. ⓒ 어반비즈서울

벌집의 위치 등도 제출해야 하고 변화가 있을 경우 다시 알려야 한다. 벌통은 이웃과 직접 마주 보지 않는 곳에 설치해야 한다. 또한 도로나 인도에서 떨어져 있고 벌집으로 향하는 길이 양봉가가 소유한 땅이어야만 한다. 벌의 존재를 알리기 위한 표지판도 설치해야 한다.

캐나다 앨버타의 경우는 양봉가가 지역 양봉협회에 등록한 후 승인된 허가 내용을 이웃에 서면으로 알릴 의무가 있다. 벌통은 양봉하는 건물 뒷마당에 두어야 하고 유동 인구가 많은 놀이터, 운동장, 학교, 교회 등에서는 최소 25m 이상 떨어져 있어야 한다.

농림축산식품부가 5년 주기로 실시하는 농림어업총조사를 보면 2015년 12월 기준 동 단위 농가 수는 5년 전보다 23만 2000여 가구가 늘었다. 읍이나 면 단위가 아닌 동 단위에서 농사를 짓는다면

도시농부일 확률이 높을 것이다. 도시농부가 모두 양봉을 하지는 않겠지만 도시농업이 확대되고 있는 것으로 보아 도시 환경에 관심을 가진 이들 사이에서 도시양봉도 점차 확대될 가능성이 있다. 따라서 도시양봉에 대한 제도를 마련해 올바른 방향과 길을 제시해 줄 필요가 있다.

그렇다면 양봉 자격증을 딴 사람만 벌을 칠 수 있게 해야 할까. 2016년 국회 농림축산식품해양수산위원회에서 더불어민주당 김현권 의원은 양봉 전문가 육성제도 신설을 요구했다. 국가자격검정 제도까지 갖추는 것은 아니더라도 벌의 사육, 증식, 질병 통제 방법 등 전문 지식을 숙지한 양봉 전문가를 양성하는 것은 도시양봉의 확대를 위해서도 좋은 일이다. 이렇게 전문가를 양성하게 된다면 도시에서 양봉 때문에 발생하는 사건의 초동 대처, 민원 처리, 밀원 식물 관리 등도 이들을 통해 해결할 수 있을 것으로 보인다.

도시양봉은 꼭 꿀을 얻기 위해서만 활용되지 않는다. 학교나 박물관에서 체험이나 전시 프로그램을 만들어 학생과 시민을 교육할 수도 있다.

앞서 이탈리아의 산업디자이너 프란체스코 파친이 제작한 허니팩토리를 소개했는데, 서울 어린이대공원과 한강 잠원지구에서 이 특별한 벌통을 만나볼 수 있다. 경기도 국립과천과학관의 곤충생태관에는 침이 없는 벌들이 들어 있는 벌통이 설치되어 있는데, 방문자들이 벌통에 직접 손을 넣어 날아다니는 벌들을 만져볼 수도 있다. 호기심 많은 어린이들에게는 인기 만점이다. 서울 성동구의

서울 한강 잠원지구에 있는 허니팩토리(왼쪽)과 서울 성동구의 서울숲공원에 설치된 꿀벌정원(오른쪽). 푸른 식물들과 조화를 이루고 있어 둘러보면 마음도 함께 푸르러진다. © 어반비즈서울

서울숲공원과 경기도 수원의 경기상상캠퍼스에는 어반비즈서울이 협업해 만든 꿀벌정원도 있다. 이런 기획들은 일반인이 벌에 대해 자연스럽게 흥미를 느끼고 관심을 가지면서 동시에 벌과 인간의 관계, 환경과 생태 문제까지 고민하게 하는 계기가 되고 있다.

에필로그

살아 있는 생명과 함께하며
배우고 느끼고 생각한 것들

벌을 친다고 하면 사람들이 관심을 보였다. 벌이 어디 있는지, 꿀은 어떻게 만들어지는지, 벌침이 무섭지 않은지 등등 질문이 쏟아졌다. 그때마다 나는 쉽게 흥분했던 것 같다. 마치 나만 알고 있는 보물을 소개하는 것처럼 들떠서 목소리가 높아졌다. 도시에도 벌이 있다는 사실을 소개하고 자연에서 채취해온 것들로 먹이와 집을 만드는 꿀벌의 능력을 칭찬할 때마다 사람들은 내 이야기를 흥미롭게 들어주었다.

　벌들은 유전자가 기억하는 이기적인 방식으로 협업하며 살고 있겠지만, 나는 벌들의 모든 생태가 현명하고 이타적인 그들의 능력과 품성 덕분이라고 이해했다. 동물과 인간이 이렇게 교감할 수 있다는 걸 실감하는 날들이었다. 평범한 도시의 삶을 사는 내게 양봉은 잠시 다른 세상으로 여행을 가능하게 해주는 즐거운 일상 탈출이었다.

양봉을 시작한 후 나는 특별한 선물을 나눌 수 있는 행운을 얻었다. 벌과 꽃이 선물하는 꿀이라는 자연의 선물을 가족과 지인에게 선물하면서 행복을 찾았다. 내가 당신을 많이 응원하고 있고 당신이 나와 함께해줘서 고맙다는 말을 하고 싶을 때, 말 대신 살포시 꿀을 내놓고 있다. 어느 날에는 부서 회식 자리에 꿀 한 통을 들고 가 직접 허니비어를 만들었다. 폭탄주 대신 허니비어를 맛본 회사 동료와 선후배 들이 맛있다며 벌 대신 나를 칭찬해주었다. 그렇게 내 일상은 꿀 덕분에 달콤해졌다. 나는 앞으로도 좋아하고 존경하는 사람들에게 꿀을 선물할 것이다.

사람들은 나에게 양봉을 왜 하느냐고 자주 물었다. 아마도 번잡한 도시에서 할 수 있는 다양한 문화생활과 자기계발을 뒤로하고 왜 하필 양봉이냐는 물음이었을 것이다. 한동안은 나도 이 일을 왜 하는지 답하지 못했다. 해보기로 결심했으니 계속 한 것도 있었지만 양봉을 하면서 여유와 즐거움을 많이 느꼈기 때문에 양봉장에 나갈 수 있었다.

벌통을 들여다보며 벌과 교감할 때는 재미있는 과학 수업을 받고 있는 것처럼 흥미로웠다. 꿀을 만들기 위해 꽃이 어디에 얼마나 피어 있는지를 알아볼 때면 못다 펼친 꿈인 환경운동가가 된 것 같았다. 벌이 여왕벌의 지도 아래 집단지성을 발휘해 벌무리를 지켜가는 모습을 보며 민주주의를 생각했고, 벌의 노동력으로 만들어진 꿀을 수확할 때는 잉여가치를 빼앗는 자본주의를 떠올렸다.

무엇보다 자연과 함께하면서 일주일 동안의 슬픔과 괴로움을 많이 내려놓을 수 있었다. 살아 있는 동물과 함께한다는 것은 말 못하는 갓난아이를 보살피는 것과 유사하다. 아이 앞에서는 어른의 욕심과 기대를 내려놓는 것처럼 동물을 마주할 때도 기대하지 않아도 되는 점이 좋았다. 나의 언어를 이해하지 못하는 생명과 교감한다는 것은 언어가 다른 외국으로 여행 갔을 때 별안간 느끼는 자유로움과도 같다.

사실 양봉을 하면서 내가 하는 일이라고는 벌의 마음을 살피는 것밖에 없었다. 안전한 보금자리와 만족할 만한 식사를 제공하면서 본능에 충실한 삶을 방해하지 않는 것만이 내가 벌과 공존할 수 있는 유일한 방법이었다. 특별히 말하지 않아도 믿을 수 있는 사이, 애초에 기대가 없어 실망도 하지 않는 사이. 나 혼자만의 생각일지 모르겠지만 나는 벌과 그런 사이였다고 믿는다.

그러나 그마저도 잘하지 못해 많은 벌들을 죽게 했다. 벌통을 닫을 때 조금만 더 신경 썼으면 벌들이 죽지 않았을 텐데 바쁜 마음에 그러지 못했다. 외부의 침입이 있다고 느끼면 벌은 자기 목숨을 걸고서 공격해오는데 나는 내검하느라 줄곧 벌들을 화나게 했다. 양봉을 하고 집에 돌아가는 길, 벌들의 마음을 살피듯 사람의 마음을 살피면서 살고 싶다는 생각을 종종 했다.

이 책은 나오기로 한 시간보다 2년이나 늦게 나왔다. 처음 책을 쓴다고 했을 때 주변에서 많이 말렸다. 나 스스로도 자신이 없었다. 양봉에 대해 더 잘 아는 사람이 글을 써야 한다는 나름의 이유가 있었지만, 무엇보다도 나의 게으름을 내가 잘 알았다.《한겨레21》에 '도시양봉 분투기'라는 칼럼을 쓰며 만회해보려 했지만 그마저도 쉽지 않았다. 책의 일부 내용만을 연재할 수 있었다.

이 책에는 평생 양봉을 해오신 분들의 지혜가 담겨 있지 않다. 그래도 직장 생활 틈틈이 배운 양봉 지식을 버무리고 그날의 감성을 더했다. 생활에 지친 많은 도시인들에게 도시양봉이란 세계를 소개할 수 있다면 더없이 좋겠다.

달콤한 양봉의 세계로 안내해주고 부족한 원고를 살펴봐준 어반비즈서울과 나무연필 임윤희 대표가 아니었다면 이 책은 세상에 나오지 못했을 것이다. 주말 아침마다 양봉 옷과 도구를 챙겨 집을 나가는 딸을 이해해주고 언제나 내 편이 되어주는 엄마 유국자 여사, 여유로운 주말 아침《한겨레》에서 읽은 도시양봉 기사를 보고 먼저 연락을 해준 덕분에 지금 함께 살고 있는 정대연 기자에게도 진심으로 감사하고 사랑한다고 말하고 싶다.

양봉 용어 소개

부록
1

딱딱하고 어려운 양봉 용어들은 막 벌의 세계에 입문한 이들에게 넘어서기 힘든 문턱처럼 여겨질 것이다. 일상생활에서는 잘 쓰지 않는 용어들이기에 익숙해지려면 다소 시간이 걸린다. 하지만 이 용어들과 친해져야 비로소 벌의 세계를 제대로 이해하고 양봉가들과도 소통할 수 있다. 익숙해지기 전까지는 열심히 들여다보면서 익히길 바란다.

이 책에 쓰인 양봉 용어들은 어반비즈서울에서 펴낸 『도시양봉법: 누구나 쉽게 배우는 도시양봉의 모든 것』에 소개된 '양봉 기본 용어' 부분과 농촌진흥청 홈페이지의 농업용어사전을 참조하여 정리했다. 양봉 용어의 뼈대가 되는 네 개의 개념과 사례를 먼저 소개한 뒤, 나머지 용어들은 가나다순으로 실었다.

● 봉蜂: 벌

　　양봉(벌치기)

　　분봉(벌무리가 나뉨) · 합봉(벌무리를 합침)

　　도봉(벌이 남의 벌통에서 꿀을 훔쳐옴)

● 밀蜜: 꿀

　　밀원식물(벌이 꿀을 빨아 오는 식물)

　　밀랍(벌이 꿀을 모으는 벌집을 만들기 위해 분비하는 물질)

　　채밀(벌집에서 꿀을 채취하는 것)

● 소巢: 집

　　소문(벌들이 드나드는 벌집의 입구)

　　소비(벌들이 집을 짓고 알을 낳으며 꿀을 채울 수 있는 틀)

● 왕王: 여왕벌

　　왕대(여왕벌이 자라는 집)

　　격왕판(여왕벌을 격리하는 판)

● **격왕판**隔王板

벌통 내부에 여왕벌을 격리하기 위해 설치하는 판. 격왕판을 놓으면 몸집이 큰 여왕벌은 격왕판 너머로 갈 수 없지만 여왕벌보다 크기가 작은 일벌들은 이를 자유롭게 넘나들 수 있다. 그렇게 되면 여왕벌이 알을 낳는 곳과 일벌이 꿀을 모으는 곳이 자연스럽게 분리되어서 이후에 양봉가가 편리하게 꿀만을 수확할 수 있다.

● **계상**繼箱 ✦ 연관 참조어: 단상, 벌통

기본 벌통인 단상 위에 놓는 벌통으로 단상과 몸통 크기는 같지만 밑판이 없다. 벌무리가 커지면 단상 위로 층층이 계상을 쌓을 수 있다. 보통 단상에서는 여왕벌이 알을 낳게 하고, 계상에서는 일벌들이 꿀을 저장하게 한다. 미국이나 캐나다에서는 최고 10층까지 계상을 올리는 경우가 있는데, 이를 고층 빌딩에 비유하여 마천루 벌통이라고 부른다.

● **꽃가루(화분 花粉)**

꽃 수술의 꽃밥 속에 들어 있는 생식세포. 일벌이 벌통 밖으로 나가 이를 수집하고 자신의 분비물을 섞어서 반죽해 경단처럼 만든 뒤 벌방에 저장한다. 이렇게 가공된 꽃가루는 한창 커나가는 애벌레들이 주로 먹으며, 갓 벌방에서 나왔거나 월동을 앞둔 벌에게도 영양식이 되어준다.

● **내검**內檢 ✦ 연관 참조어: 훈연기

벌의 동태를 살피기 위해 벌통의 뚜껑을 열고 내부를 살펴보는 작업. 훈연기를 이용해 벌들을 안정시킨 뒤 여왕벌이 잘 지내고 있는지, 벌통에 꿀과 꽃가루와 애벌레가 얼마나 있는지, 병해충 피해는 없는지 등을 점검한다. 내검 일지를 써두면 벌통의 변화를 파악하는 데 도움이 된다.

● **내역**内役 **벌** ✦ 연관 참조어: 외역벌

벌통 내부에서 일하는 일벌. 말벌이나 다른 벌통 벌의 침입 막기, 육각형의 벌방 만들기, 여왕벌이 낳은 애벌레 기르기, 외역벌이 따온 꽃꿀로 벌꿀 만들기, 죽은 애벌레와 죽은 벌 청소하기 등의 일을 한다.

● **단상**單箱 ✦ 연관 참조어: 계상, 벌통

벌들이 드나드는 소문이 있는, 양봉을 처음 시작할 때 설치하는 기본적인 벌통.

● **도봉**盜蜂 ✦ 연관 참조어: 유밀기·무밀기

꿀이 부족한 무밀기에 벌들이 남의 벌통에 침입해 꿀을 훔쳐가는 것. 기본적으로 벌무리가 약한 벌통에서 벌어지며, 벌통에서 나오는 벌들이 배가 통통하다면 양봉가는 도봉을 의심해봐야 한다.

● **로열젤리**

일벌의 머리에 있는 하인두선에서 분비되는 물질. 일벌과 수벌은 태어나고서 3일까지만, 여왕벌은 태어난 뒤부터 성충이 되어서까지 로열젤리를 먹는다. 여왕벌의 먹이답게 각종 영양분이 풍부하며, 노화 방지,

빈혈과 저혈압 예방, 항암 등의 효과가 입증되어 건강보조제로도 인기가 많다.

● **밀랍** 蜜蠟

일벌이 꽃꿀에 효소를 섞어 체내에서 만들며, 배에 있는 4쌍의 밀랍선에서 분비된다. 내역벌들은 밀랍에 각종 물질을 섞어 벌방을 짓는다.

● **밀원식물** 蜜源植物

벌이 꿀을 가져오는 식물. 한국의 대표적인 밀원식물로는 아까시나무와 밤나무가 있다. 이들은 모두 봄에 꽃이 피므로 벌들은 이때 부지런히 꿀을 수집해 벌방에 모아둔다. 한국은 가을 밀원식물이 많지 않아서 벌들이 가을에 다시 한번 꿀을 모으지 못한 채 월동에 돌입한다.

● **벌무리**

여왕벌, 일벌, 수벌로 이루어진 꿀벌의 무리. 벌은 하나하나의 개체이긴 하지만 무리를 지어 집단생활을 하고, 벌무리의 세력이 곧 벌 한 마리 한 마리에 영향력을 미친다.

● **벌통** **+** 연관 참조어: 계상, 단상

벌을 기르는 상자. 미국의 양봉가 로렌조 랭스트로스가 개발한 '랭스트로스 벌통'이 상업용 벌통으로 정착되었으며, 벌이 빈 공간에 자유롭게 집을 만드는 야생 방식의 '톱바 벌통'은 교육용·전시용으로 쓰인다.

● **분봉**分蜂 + 연관 참조어: 유밀기·무밀기, 합봉

하나의 벌무리가 두 개 이상의 벌무리로 나누어지는 현상. 유밀기에 벌무리는 자신의 세력이 커져서 벌통이 비좁다고 느껴지면 새로운 여왕벌을 탄생시킬 준비를 한다. 기존의 여왕벌은 후대에 벌통을 물려주면서 몇몇 벌들을 이끌고 자신의 새집을 찾아 떠난다. 그렇게 벌무리는 하나에서 여럿으로 나뉜다.

● **사양**飼養 **벌꿀**

양봉가가 벌의 먹이로 설탕을 공급해준 뒤 채취한 꿀. 천연 벌꿀과 사양 벌꿀은 꿀 제품의 성분표에 표기된 탄소동위원소비를 살펴보면 알 수 있다. −22.5‰을 기준으로 이보다 낮으면 천연 벌꿀, 이보다 높으면 사양 벌꿀로 분류된다.

● **소문**巢門

벌들이 드나드는 벌통의 문, 즉 벌들의 출입구이다. 양봉가가 소문을 너무 크게 열어두면, 문지기 벌들이 벌통을 지키기가 힘들어지고 꿀 향기가 바깥으로 퍼지면서 도봉이 발생할 위험도 커진다.

● **소비**巢脾

벌통 안에 벌들이 집을 짓고 알을 낳으며 꿀을 채울 수 있도록 넣는 틀. 소비 한 장을 꽉 채우면 양면으로 약 7000여 개의 벌방을 만들 수 있다. 여기에 여왕벌은 알을 낳고 일벌은 꿀과 꽃가루를 저장한다.

● **수벌** + 연관 참조어: 여왕벌, 일벌

일벌에 비해 체구가 크고 침이 없으며 눈과 배가 마치 파리처럼 검고 크다. 수벌은 혼인비행을 떠난 여왕벌과 교미를 마치면 죽는다. 벌무리에서 수벌의 유일한 임무는 바로 이 교미이므로 이들이 필요하지 않은 시기, 예를 들면 겨울에는 일벌이 수벌을 벌통에서 쫓아내기도 한다. 양봉가는 내검 때 적당히 수벌 집을 제거해줌으로써 수벌의 수를 조절한다.

● **여왕벌** + 연관 참조어: 수벌, 일벌

일생에 한 번 혼인비행을 한 뒤 벌통으로 돌아와 알만 산란하는 벌. 일벌이나 수벌과 비교해 몸집이 크며, 하루 최대 3000여 개의 알을 낳는다. 벌통 하나에 오직 한 마리뿐이며 벌무리에 없어서는 안 될 존재이기에 양봉가가 내검할 때 가장 중요한 일은 여왕벌이 벌통 안에 무사히 잘 있는지 확인하는 것이다.

● **왕대**王台 + 연관 참조어: 여왕벌

여왕벌이 자라는 집. 땅콩 껍데기 같은 모양에 벌집 밖으로 툭 튀어나와 있어서 한눈에 알아볼 수 있다. 왕대가 있다는 것은 벌무리가 새로운 여왕벌의 탄생을 준비하고 있다는 신호다. 기존 여왕벌이 약해졌거나 벌통을 떠날 준비를 할 때 왕대가 생기므로, 양봉가는 왕대가 생겼을 때 어떻게 대처할지 판단해야 한다. 새로운 여왕벌이 필요하다면 왕대를 그대로 두면 되지만, 그렇지 않다면 왕대를 제거해줘야 한다.

● **외역** 外役 **벌** ✦ 연관 참조어: 내역벌

벌통 외부에서 꿀이나 꽃가루, 프로폴리스 등을 수집해 오는 일벌. 일벌은 성충이 되면 가장 먼저 자기가 태어난 벌방을 청소한 뒤 내역벌로 살아가다가 20여 일이 지나면 약 15일 동안 외역 활동을 한다. 수많은 외역벌이 꽃가루를 옮겨준 덕분에 밀원식물은 수분을 할 수 있다.

● **유밀기** 流蜜期 · **무밀기** 無蜜期 ✦ 연관 참조어: 도봉, 분봉

꽃이 피어 꽃꿀과 꽃가루가 있는 시기를 유밀기라고 하고, 꽃이 진 뒤 꽃꿀과 꽃가루가 없는 시기를 무밀기라고 한다. 한국에서는 봄꽃이 필 때가 벌들이 꿀을 거두기 가장 좋은 유밀기이며, 여름 장마가 시작된 뒤 8월 중순까지 50~60여 일간 무밀기가 이어진다.

● **일벌** ✦ 연관 참조어: 내역벌, 수벌, 여왕벌, 외역벌

일하는 벌로, 경우에 따라 차이가 있겠지만 벌통에 있는 벌의 90%가량은 일벌이다. 일벌은 알로 태어난 뒤 21일 만에 성체가 되는데, 이후로는 죽는 날까지 일을 한다. 내역벌로 벌통 내부의 일을 하다가 시간이 지나면 외역벌로 벌통 바깥의 일을 한다.

● **진드기**

벌이나 애벌레 몸에 붙어서 이빨을 살 속에 깊이 박은 뒤 지방체를 빨아먹는 해충. 벌을 치는 것은 진드기와의 전쟁이라 해도 과언이 아니다. 진드기는 벌을 약하게 만들어 벌집이 붕괴되도록 주도면밀하게 활

동한다. 약품 사용보다는 예방이 최우선이지만, 현재의 기술로는 약품만으로 진드기를 완전히 없앨 수 없다.

● 채밀採蜜

벌이 소비에 모아놓은 꿀을 채취하는 것. 많은 도시양봉가들은 둥근 통 모양의 채밀기에 꿀이 들어찬 소비를 넣은 뒤 그 통을 돌려서 원심분리기의 원리를 이용해 꿀을 걸러낸다.

● 페로몬 pheromone

곤충이 분비하는 물질로, 같은 종의 다른 개체에게 특유의 생리적·행동적·형태적 반응을 일으키는 자극원이 되는 물질. 벌무리에서는 여왕벌과 일벌이 페로몬을 분비하는데, 여왕벌은 각기 다른 페로몬을 분비하고 이 페로몬을 통해 한 집단으로서 일벌을 복종하게 만든다. 또한 일벌은 자신의 페로몬을 통해 무리에게 자신의 존재를 알리고 동료들의 길잡이 역할을 한다.

● 프로폴리스 propolis

벌이 꽃이나 나무가 생장점을 보호하기 위해 분비한 물질이나 진액을 빨아들여 자신의 침에 있는 효소와 혼합해 만든 물질. 접착력이 좋기 때문에 벌집을 짓는 데 이용하고, 항균력이 좋으므로 벌통 내부에 발라 바이러스나 적의 침입을 막기도 한다. 또한 벌통의 틈새를 프로폴리스로 메워서 빗물이 스며들지 않게 한다.

● **합봉**合蜂 ✦ 연관 참조어: 분봉

두 개 이상의 벌무리를 하나로 합치는 것을 말한다. 벌무리의 세력이 너무 약할 때, 기존 여왕벌의 산란율이 떨어지거나 여왕벌이 사라졌을 때 합봉을 한다. 즉 꿀 수집량이 줄어들거나 외부의 침입에 잘 대처하지 못하거나 하나의 온전한 벌무리로 제구실을 못하는 상황일 때 벌무리를 합쳐주는 것이다.

● **훈연기**燻煙機 ✦ 연관 참조어: 내검

연기를 내뿜는 양봉 기구로, 내검 때 이용하면 벌은 연기를 싫어하므로 사람을 쏘지 않고 꿀방으로 들어가 꿀을 먹는다. 연기를 내는 재료로 쑥, 신문지, 왕겨 등을 사용한다.

부록
2

양봉을 이해하는 데 도움될 책들

벌에 관심은 있지만 양봉에 도전하기는 아직 겁나는 이들이 있을 것이다. 용기를 내어 입문했을지라도, 문제에 부딪혀 어쩔 줄 모르겠는 일이 벌어질지도 모른다. 책은 선행학습과 안전한 간접 경험을 제공하면서 문제의 해결책을 제시해줄 수 있다.

여기에서는 실제로 벌을 치는 데 도움될 만한 참고 서적을 비롯해서 벌의 다양한 측면에 대해 생각해볼 수 있는 책들을 함께 소개한다. 이러한 책이 아니었다면 이 책 또한 세상에 내보낼 수 없었을 것이다. 몇몇 책들은 아쉽게도 절판되었지만, 양봉 서적이 많이 출간되는 것은 아니기에 목록에 넣어두었다.

양봉 입문자를 위한 기본 참고서

● **최승윤 지음, 『양봉, 꿀벌과 벌통』, 오성출판사, 1988.**

한국양봉과학연구소장이자 전 서울대 농대 양봉학 교수가 지은 책. 벌의 생태뿐 아니라 먹이 관리법, 꿀이나 밀랍 등 부산물 생산과 품질 관리 방법이 소개돼 있다. 출간된 지 오래되었지만 2016년 기준 19쇄나 찍은 양봉서의 고전이다.

● **이명렬 외 지음, 『양봉』, 농촌진흥청, 2013.**

한국의 양봉 전문가들이 모여 있는 곳 중 하나인 국립농업과학원 농업생물부 잠사양봉소재과 사람들이 중심이 되어 집필한 책이다. 벌무리 관리, 밀원식물, 병해충 관리, 부산물 이용 등 양봉의 기본 지식이 망라해 담겨 있다. 도시양봉을 다룬 칼럼을 쓸 때 이 책의 도움을 많이 받았다.

● **조도행 지음, 『양봉 사계절 관리』, 오성출판사, 2018.**

《양봉계》라는 월간지에 10년 이상 글을 쓴 지은이가 계절별 꿀벌 관리법을 상세히 정리했다. 양봉 입문자를 비롯해 경험이 부족한 이들이 현장에서 부딪히는 문제들을 문답식으로 정리해둔 부분은 참조할 만하다.

● **위르겐 타우츠 지음, 유영미 옮김, 최재천 감수, 『경이로운 꿀벌의 세계』,**

이치사이언스, 2009.

실제 양봉과 관련한 실용적인 내용은 상당히 적지만, 벌의 일반적인 생태가 촘촘히 정리되어 있다. 양봉가들에게 가장 많이 추천받은 책이기도 하다. 벌이 태어나고 짝을 만나고 춤을 추며 꽃꿀을 따는 일상을 순서대로 소개한다. 사진 자료도 생생하고 충실하다.

● **노아 윌슨 리치 지음, 김승윤 옮김, 『벌, 그 생태와 문화의 역사』, 연암서가, 2018.**

최근에 출간된, 알기 쉬우면서 폭넓게 벌의 세계를 안내하고 있는 책이다. 꿀벌 외의 다양한 벌들을 함께 소개하고 있으며, 벌의 생태를 비롯해 벌과 관련한 인간의 문화도 다루고 있다. 양봉의 역사와 기본 원리, 그리고 오늘날 벌이 맞이한 도전에 대해서도 소개하고 있다.

도시양봉의 실제와 가능성을 보여주는 책

● **스티브 벤보우 지음, 이은주 옮김, 『도시양봉』, 들녘, 2013.**

영국 런던의 도시양봉가가 양봉가의 한해살이를 정리했다. 월별로 양봉가가 해야 할 일을 따로 갈무리해둔 팁이 유용하다. 필자는 런던 피커딜리 거리의 포트넘앤드메이슨 건물 옥상에서 벌을 치고 있으며, 이 사업을 런던 전역으로 확장하려고 하고 있다. 도시양봉의 가능성을 먼저 확인한 이의 노하우를 배우기에 좋은 책.

● Rob and Chelsea McFarland, *Save the Bees with Natural Backyard Hives*, Page Street Publishing, 2015.

양봉을 처음 시작하는 사람들을 위한 책. 양봉 도구를 마련하고 벌통을 둘 장소를 고르고 벌을 치는 과정을 실제 양봉을 하는 순서대로 설명해준다. 지은이들은 미국 로스앤젤레스에서 '허니러브'라는 비영리단체를 만들어 도시양봉을 알리고 교육하는 일을 하고 있다.

● Megan Paska, *The Rooftop Beekeeper*, Chronicle books, 2014.

표지부터 참 예쁜 책이다. 미국의 뉴욕 브루클린에 있는 한 건물 옥상에서 도시양봉을 한 지은이가 자신의 노하우를 대방출한다. 책 뒷부분에는 꿀을 넣어 만드는 요리 레시피를 비롯해서 양봉을 하고 양봉 도구도 구할 수 있는 뉴욕 인근의 양봉장이 소개돼 있다.

어린이·청소년이 읽을 수 있는 꿀벌 이야기

● 김단비 글, 김도아 그림, 어반비즈서울 기획, 『우리는 꿀벌과 함께 자라요』, 웃는돌고래, 2017.

어린이 도시양봉가 봉식이가 학교에서 양봉반 아이들과 벌을 키운다. 아이들이 매월 양봉가로서 어떤 일을 해야 하는지 짧게 소개되어 있고, 수채화 느낌의 그림이 곁들여 있다. 초등학교 저학년을 위한 책이지만 어른이 읽어도 유익하다. 봉식이와 함께 벌을 친 양봉반 학생들의 만족도가 높다고 하니, 학교 옥상에서 아이들과 양봉을 할 선생님들이 읽어도 좋겠다.

● 커스틴 홀 글, 이자벨 아르스노 그림, 이순영 옮김, 『꿀벌의 노래』, 북극곰, 2019.

꿀벌의 존재와 신비감을 보여주면서 세상에서 사라져가는 꿀벌을 지켜 나갈 것을 어린이들에게 당부하는 그림책. 자연의 경이로움을 아름다운 그림을 통해 잘 보여주고 있으며, 초등학교 저학년 학생이 읽으면 좋을 듯하다.

● 김황 지음, 최현정 그림, 『꿀벌이 없어지면 딸기를 못 먹는다고?』, 창비, 2012.

내용이 쉽게 서술되어 있고 각 장마다 만화가 수록되어 있어서 초등학교 고학년 학생이 읽기 좋은, 그렇지만 양봉 지식이 전무한 성인 입문자들도 편안하게 지식과 정보를 얻을 수 있는 책이다. 벌에 대한 설명뿐 아니라 벌과 인간의 역사, 군집붕괴현상 등 다채로운 내용이 실려 있다. 지은이가 일본 교토에서 태어난 재일조선인 3세라 일본 자료를 많이 참조했다고 한다.

● 로리 그리핀 번스 지음, 정현상 옮김, 『꿀벌이 사라지고 있다』, 보물창고, 2011.

미국 플로리다주에서 2000만 마리의 꿀벌들이 감쪽같이 사라진 군집 붕괴현상을 추적하는 꿀벌 탐정들의 이야기가 흥미진진하게 펼쳐진다. 벌에 관한 이야기에 생생한 사진이 함께 곁들여 있다. 필자는 인간의 무절제 때문에 꿀벌들이 사라지고 있음을 경고한다.

● 보이치에흐 그라이코브스키 글, 피오트르 소하 그림, 이지원 옮김, 『꿀벌』, 풀빛, 2017.
독일에서 '최고의 어린이 논픽션 상'을 수상한 작품. 꿀벌을 중심으로 고대부터 현대까지 인류 문명의 역사를 살펴본다. 벌무리의 집단 지성, 춤으로 하는 의사소통, 민주적인 의사 결정 등을 비롯해서 양봉 도구와 양봉하는 법, 도시양봉도 함께 기술하고 있다.

● 제이 호슬러 지음, 김기협 옮김, 『꿀벌가문 족보제작 프로젝트』, 서해문집, 2012.
생물학자이자 유명 만화가인 필자의 과학 만화. 천상천하 유아독존인 벌 니유키가 벌이는 좌충우돌 모험기가 흥미진진하게 펼쳐진다. 벌의 몸 구조와 행태, 그리고 생태학에 관한 교훈을 잘 담아냈다는 평가를 받고 있다.

● 토니 드 솔스 지음, 이재원 옮김, 『꿀벌 소년 1』, 샘터사, 2019.
도시에서 펼쳐지는 꿀벌과 인간의 달콤하면서도 끈끈한 이야기가 담겨 있다. 어린이들에게 다소 어려울 수도 있는 정보가 재미있으면서도 정확하게 소개되어 있으며, 초등학교 고학년 학생들에게 권할 만하다.

● **발데마르 본젤스 지음, 박민수 옮김, 『꿀벌 마야의 모험』, 비룡소, 2003.**
독일 작가 발데마르 본젤스가 1912년에 출간한 아동 문학의 고전. 꿀벌 애벌레를 기르는 모습이나 꿀벌 왕국을 공격하는 말벌과의 전투 등 실제로 꿀벌이 경험했을 세계를 의인화해 표현했다. 꿀벌을 비롯한 여러 곤충들을 내세워 자연과 삶의 아름다움을 예찬하고 꿈과 모험의 가치를 일깨운다. 그러나 공동체의 질서에 따라 일사분란하게 유지되는 벌무리에 대한 긍정적 해석이 제1차 세계대전을 겪고 있던 독일에서 전체주의를 옹호하는 목소리로 이어졌다는 점도 기억해둬야 할 것이다.

● **모리야마 아미 지음, 정영희 옮김, 『꿀벌과 시작한 열일곱』, 상추쌈, 2018.**
일본 나가노의 한 산골 고등학교에서 어느 여고생이 양봉 동아리를 만든다. 친구들과 함께 학교 뒤뜰에 벌통을 놓은 뒤 벌을 치고 꿀을 딴다. 작은 꿀벌과 함께하면서 자신의 길 찾기를 시작한 열일곱 살 아이들의 이야기가 한 편의 청춘 영화처럼 펼쳐진다.

● **가토 유키코 지음, 박재현 옮김, 『꿀벌의 집』, 아우름, 2009.**
일본의 삿포로 출신 소설가가 쓴 건강한 자연주의 성장소설. 아버지의 자살과 엄마와의 다툼으로 삐걱거리는 삶을 살아가는 주인공이 좋은 사람들을 만나고 꿀벌을 돌보면서 상처를 치유하고 새로운 에너지를

만들어가는 과정을 그린 작품이다. 일본 이바라키 현 이토시립도서관
이 선정한 청소년 권장도서.

벌의 세계를 맛볼 수 있는 에세이

● 모리스 마테를링크 지음, 김현영 옮김, 『꿀벌의 생활』, 이너북, 2010.
『파랑새』의 작가 마테를링크를 노벨문학상으로 이끈 대표작. 20여 년
간 양봉을 하면서 얻은 경험을 기록한 에세이집이다. 직접 벌을 관찰한
사람만이 알 수 있는 벌들의 세계가 잘 묘사되어 있으며, 사계절 양봉
법과 함께 양봉을 하면서 느낀 구체적이면서도 자유로운 감상이 함께
곁들여 있다.

● 윤신영 지음, 『사라져 가는 것들의 안부를 묻다』, Mid, 2014.
박쥐가 꿀벌에게 쓰는 편지 형식의 과학 에세이. 이 둘은 모두 수분 매
개 활동을 하는 생명체로, 일터에서 종종 만났을 것이다. 《과학동아》
기자의 글답게 어렵지 않고 친절하다. 서양벌과 토종벌의 전염병 현장
취재기를 비롯해 《과학동아》에서 기사로 소개한 내용들이 곳곳에 들어
있다.

● 노벨라 카펜터 지음, 정윤조 옮김, 『내 농장은 28번가에 있다』, 푸른숲,
2011.

미국 오클랜드의 도시농부가 1400일 동안 농사를 짓는다. 생일 선물로 양봉 도구 세트를 받으면서 벌 치는 생활도 시작한다. 이외에 감자도 캐고 칠면조도 기르는 등 자연과 조화를 이루며 사는 법을 소개한다. 자연 앞에 섰을 때 느끼는 겸손함과 고마움 등의 감정을 잘 보여주는 책이다.

● 마크 프라우언펠더 지음, 강수정 옮김, 『내 손 사용법』, 반비, 2011.
텃밭부터 우쿨렐레까지 다양한 DIY를 실천한 작가의 에세이. 그중 하나로 양봉을 다루고 있다. 벌이 사라져간다는 소식을 듣고 양봉을 시작해보지만, 양봉과 사랑에 빠지지는 못한 실패담에 가깝다. 공감하면서 읽은 부분이 꽤 있다.

벌의 세계를 깊이 들여다본 논픽션

● 로완 제이콥슨 지음, 노태복 옮김, 우건석 감수, 『꿀벌 없는 세상, 결실 없는 가을』, 에코리브르, 2009.
필자는 휴대전화의 전자파, 살충제 살포, 전염병 등이 벌에 미치는 영향을 살피면서 군집붕괴현상의 원인이 무엇인지 따지고 들어간다. 그러면서 꿀벌이 사라진다면 현재 인류를 떠받치고 있는 식량 시스템이 필연적으로 붕괴할 것임을 경고한다. 살충제의 폐해를 알린 레이첼 카슨의 『침묵의 봄』이 제기한 것과 같은 문제의식을 보여주는 책이다.

● 마크 윈스턴 지음, 전광철·권영신 옮김, 『사라진 벌들의 경고』, 홍익출판사, 2016.

2015년 캐나다총독문학상 논픽션 부문 수상작. 벌의 수분 연구 전문가인 지은이가, 캐나다 벤쿠버와 미국 캘리포니아에서 양봉업에 종사하고 있는 이들을 만나 들은 이야기를 풀어놓았다. 인류가 실제로 벌과 어떻게 생활하고 있으며, 벌이 사라질 때 어떤 현실에 놓일지를 경고한다.

● 프랑수아 타부아요·피에르앙리 타부아요 지음, 배영란 옮김, 『꿀벌과 철학자』, 미래의창, 2018.

아리스토텔레스부터 니체까지, 서구 지성사의 대표적인 철학자들이 치열한 논쟁을 벌일 때마다 꿀벌이 핵심적 역할을 담당했음을 보여주는 책이다. 집단지성에 의해 움직이는 벌 사회를 정치적·사회적으로 이해하고 인간 사회와 비교해나간 철학자들의 생각을 살필 수 있다.

● 토머스 실리 지음, 하임수 옮김, 『꿀벌의 민주주의』, 에코리브르, 2012.

벌통의 지도력은 단지 여왕벌에게서 나오는 것이 아니다. 여왕벌은 알을 낳는 매우 중요한 임무를 수행하지만, 벌무리 전체를 움직이는 힘은 일벌의 지혜에서 나온다. 이 책은 벌들의 춤 언어를 토대로 벌 사회가 얼마나 민주적인지 탐구한다. 새로운 집을 구해 원래의 둥지를 떠나야 할 때 어느 방향으로 갈지를 밤낮으로 토의하는 벌들의 지성이란 너무나도 매력적이다.

벌의 생태학, 꽃의 생태학

● 김정환 지음, 『곤충 관찰 도감』, 진선북스, 2004.

한국 토박이 곤충 16개 목 798종의 생태 사진을 모은 책이다. 벌목도 따로 구분해두어 분류학적으로 어떤 벌들이 있는지 확인하기 좋다. 도감답게 생생한 사진이 많다. 평소 자주 보는 꿀벌과 장수말벌 말고도 다른 수십 종 벌의 생김새와 집의 모양, 먹이, 사는 곳 등 생태 습성까지 살펴보기 좋다.

● 농촌진흥청 지음, 『밀원식물의 사계』, 온이퍼브, 2018.

한국에서 피어나는 수백 종의 밀원식물을 소개한 전자책이다. 식물의 사진과 명칭, 개화 시기, 꽃말 등이 소개돼 있다. 처음 책을 펼쳤을 때는 주변에서 흔히 보는 꽃이 알고 보면 밀원식물이었다는 사실에 놀랐다. 주로 산에 갔을 때 본 꽃이 많은데, 이들 식물 중 몇 종이라도 주변에 심는다면 도시에 사는 벌들이 좋아할 것이다. 텃밭을 마련할 때 밀원식물인 채소를 심어보는 것도 좋은 방법이다.

● 스티븐 부크먼 지음, 박인용 옮김, 『꽃을 읽다』, 반니, 2016.

곤충학자인 필자가 인간사에서 꽃들이 어떤 역할을 해왔는지 살펴본 책. '꽃의 인문학'이라는 부제답게 꽃의 역사와 생태, 아름다움과 쓸모를 총망라해 기술하고 있다. 꽃을 살리는 벌에 대한 이야기도 자주 등장하니 꽃과 벌의 관계를 알기 위해서는 읽어볼 만하다.

찾아보기

이 도서는 환경부·국가환경교육센터의 환경도서 출판 지원사업 선정작입니다.

달콤한 나의 도시양봉

외롭고 바쁘고 고된 도시인, 벌과 눈 맞다

ⓒ 최우리

초판 1쇄 발행 | 2020년 6월 5일
초판 3쇄 발행 | 2021년 12월 7일

지은이 | 최우리
펴낸이 | 임윤희
디자인 | 디자인 서랍
제작 | 제이오

펴낸곳 | 도서출판 나무연필
출판등록 | 제2014-000070호(2014년 8월 8일)
주소 | 08608 서울 금천구 시흥대로73길 67 금천엠타워 1301호
전화 | 070-4128-8187
팩스 | 0303-3445-8187
이메일 | wood.pencil.official@gmail.com
페이스북·인스타그램 | @woodpencilbooks

ISBN | 979-11-87890-16-4 03490

• 이 책의 국립중앙도서관 출판시도서목록(CIP)은 e-CIP 홈페이지(www.nl.go.kr/cip.php)와
  국가자료공동목록시스템(www.nl.go.kr/kolisnet)에서 이용하실 수 있습니다.
  (CIP 제어번호: CIP2020020499)